量子光学研究前沿

张国锋　徐凯　郑晓　朱汉杰　黄馨瑶　编著

U0244519

北京航空航天大学出版社

内 容 简 介

本书是笔者及团队近几年深耕量子光学领域相关理论问题的研究新进展,涉及量子光学当前及今后一段时间内主要研究热点,包括量子电池、量子不确定关系及其在纠缠探测中的应用、基于耗散的光学非互易、量子速度极限时间和 Rabi 及类 Rabi 模型相关物理问题等方面。

本书适用于作为从事量子光学和量子信息学研究的科研人员、高等科研院所物理教师、研究生和高年级本科生的参考资料,也可以用作量子光学教学内容的拓展部分。

图书在版编目(CIP)数据

量子光学研究前沿 / 张国锋等编著. -- 北京 : 北京航空航天大学出版社,2024.11.

ISBN 978 - 7 - 5124 - 4523 - 9

Ⅰ. O431.2

中国国家版本馆 CIP 数据核字第 2024EJ1645 号

量子光学研究前沿

张国锋 徐凯 郑晓 朱汉杰 黄馨瑶 编著
策划编辑 杨国龙 责任编辑 杨国龙

*

北京航空航天大学出版社出版发行

北京市海淀区学院路 37 号(邮编 100191) http://www.buaapress.com.cn
发行部电话:(010)82317024 传真:(010)82328026
读者信箱:qdpress@buaacm.com.cn 邮购电话:(010)82316936
北京雅图新世纪印刷科技有限公司印装 各地书店经销

*

开本:710×1 000 1/16 印张:8.75 字数:176 千字
2025 年 1 月第 1 版 2025 年 1 月第 1 次印刷
ISBN 978 - 7 - 5124 - 4523 - 9 定价:59.00 元

前　言

　　量子信息学是一门新兴的交叉学科,涉及到数学、物理、计算机等学科。在科学技术日新月异的今天,发展、凝练交叉学科方向,为未来信息技术发展培养交叉复合型人才已经是大多数高校、科研院所努力的方向。

　　量子信息学最初是从量子光学的研究中发展起来的,而量子光学中涉及的理论、实验方法都已经渗入到固体材料、量子仪器、超导测量等诸多领域,其基本思想已经远远超出了内容本身。法国科学家沙吉·哈罗彻与美国科学家大卫·温兰德提出的基于量子光学思想突破性的实验方法,使得测量和操纵单个量子系统成为可能,并因此获得了 2012 年诺贝尔物理学奖。在时隔 10 年后,法国科学家阿兰·阿斯佩、美国科学家约翰·克劳泽、奥地利科学家安东·塞林格通过开创性的实验展示了处于纠缠状态粒子的潜力,为量子技术的新时代奠定了基础,也因此获得了 2022 年诺贝尔物理学奖。目前,量子技术已经成为全球竞先争夺的研究领域。

　　培养量子信息技术人才就有必要了解和学习量子光学基础概念、基本方法、原理和实验技术以及与量子光学相关领域的最新研究进展。本书从多个角度总结了作者团队近年来在量子光学领域研究的最新进展,包括量子电池、量子不确定关系及其在纠缠探测中的应用、基于耗散的光学非互易、量子速度极限时间和 Rabi 及类 Rabi 模型相关物理问题等内容。相信这些内容对从事量子光学、量子信息科学研究的广大科研人员、高等院校从事量子光学教学的教师,以及研究生和高年级本科生都会起到一定的帮助作用。

　　由于作者水平有限,书中难免存在错漏之处,请广大同行和读者批评指正。

张国锋

2024 年 3 月

目　　录

第 1 章　量子电池

本章概述了量子电池研究取得的新进展。首先,介绍量子电池的相关基础知识,并重点阐述量子电池在两种情况下的充电过程,即量子电池和充电器耦合到共同的热库环境或耦合到各自独立的热库环境。结果表明,在共同热库场景下,通过增加环境热库数量和设置相同的电池-热库与充电器-热库耦合强度,可以实现最优充电过程;而在独立热库场景下,无论是减少热库环境的数量,还是减少耦合强度,都能提高充电性能(即存储能量、充电功率、可提取功)。因此,通过构建共同环境可以显著提高量子电池的充电性能,并可能有助于实现在多种环境下具有最佳充电性能的量子电池。其次,进一步介绍复合环境对量子电池充电和自放电过程的影响,复合环境由两个相同的部分组成,每个部分都包含一个腔场耦合和一个热库。研究表明,增加双腔耦合可以有效地提高充电性能,并抑制自放电过程(即抑制能量耗散过程);然而,与双腔耦合效应不同的是,研究发现热库在这种复合环境下的记忆效应对量子电池的充电过程是不利的,这与以往研究中记忆效应可以显著提高量子电池的充电性能形成了鲜明对比。这些研究结果可能有助于在实际复杂环境噪声下实现高性能量子电池。

1.1　量子电池概述

作为量子热力学器件之一,近年来有关量子电池的研究受到了学术界的关注。量子电池的本质是量子系统能量的转移传输和存储问题。2013 年,由 Alicki 和 Fannes 等人首先提出了量子电池这一概念,他们认为在微观体系中可以利用系统的量子纠缠特性提取出更多的能量,从而使得量子电池具有超越经典传统电池的优势[1]。从此,有关量子电池的问题迅速成为量子热力学领域的热门研究课题之一。对于不同的量子电池模型,如二能级量子电池[2]、三能级量子电池[3]、自旋链量子电池[4]以及谐振子量子电池[5],研究人员都进行了系统的研究。特别是如何利用量子资源获得最佳量子电池[6-8],该电池不仅具有高充电效率,而且可以最大限度地将储存的能量转移到消费中心。一般而言,有关量子电池的研究主要集中在 3 个方面,分别为量子电池的充电过程、量子电池的能量存储过程和量子电池的放电过程。

  起初,许多研究人员将量子电池视为一个封闭系统[9-11],即充电器和量子电池不受环境影响。以闭合 Dicke 量子电池和闭合 Rabi 量子电池为例[9];研究者展示了 Dicke 量子电池在充电功率上具有优势,对于双光子闭合 Dicke 量子电池,发现与单光子情况相比,双光子耦合在量子电池的充电时间和平均充电功率方面都具有更好的性能[10];研究者还研究了由两能级原子系统组成的封闭 Rabi 量子电池[11],发现非相互作用的原子可以通过谐波充电场充满电。此外,还报道了通过依赖于时间的经典资源对由 N 个独立的二能级原子组成的封闭量子系统充电的情况。上述研究的重点是如何改进封闭量子电池的充电过程。然而,在实际场景中,量子电池不可避免地与环境相互作用[12-16]。因此,有必要考虑如何在环境影响下提高量子电池的充电性能。

  由于实际系统与环境相互作用[12],研究开放量子电池非常重要。近几年,许多研究[17-20]表明,通过适当的设计,可以大大减少环境对量子电池性能的负面影响。在某些情况下,环境甚至可以帮助提高量子电池的性能。例如,一种开放量子电池协议使用暗态来实现超扩展容量和功率密度,非相互作用的自旋耦合到热库[21]就使用了该协议。Salimi 等[22,23]提出量子电池在弱系统-环境耦合下性能较差,通过增加耦合强度可以显著优化,这表明强系统-环境耦合有利于量子电池的充电过程。虽然这些研究考虑了量子电池与单一环境之间的耦合,但在实际中,量子电池通常与多个环境弱耦合[24-26]。例如,在量子点中,电子自旋可能同时受到周围原子核和声子的影响[24]。又例如,对于金刚石中的氮空位(NV)中心,电子自旋量子比特的动力学行为受到 ^{14}N 自旋环境和近 ^{13}C 自旋环境的影响[26]。因此,在这些实际情况的激励下,有必要考虑如何利用多种环境来提高量子电池的充电性能。此外,也有研究表明,存储在电池中的能量可以通过基于量子跳变的反馈控制大大增强[27]。上述研究的重点是通过对量子电池的充电过程进行优化来提高量子电池的性能。

  为了获得量子电池的高性能,除了考虑量子电池的充电过程外,还应该关注如何抑制量子电池的自放电过程[23,28,29],以实现量子电池稳定的储能过程。目前,研究人员利用 Zeno 效应[30]、受激 Raman 绝热通道技术[31]和准能谱中两个束缚态的 Floquet 工程[32]等多种技术[30-32]获得了具有长期储能能力的量子电池。

  在上述对量子电池充电或自放电过程的研究中,通常考虑的是单一环境下的量子电池。然而,在实际场景中,实现量子电池的量子系统可能面临复杂耦合环境[33-35]。例如,对于块状金刚石中的氮空位 NV 色心就受到多个耦合电子自旋杂质的影响[33]。在耦合腔阵列系统中,量子系统的动态行为与其周围的耦合腔阵列密切相关[34]。此外,在真实场景中,也会出现具有记忆效应的环境。在全光实验中,可以通过光子的偏振自由度与代表环境的频率自由度耦合得到存储环境[35]。环境的记忆效应也可以通过调整镀液自旋和表面修饰声子与 NV 自旋耦合之间的自旋耦合来控制[33]。尽管如此,目前尚不清楚复杂环境部件之间的耦合以及复杂环境的记忆效应对量子电池充电和自放电过程的作用。了解这些环境参数如何影响开放量子电池的性能,将为在可能的技术应用中操纵量子电池提供有见地的参考。

1.2 量子电池在共同环境与独立环境下的充电增强

1.2.1 量子电池相关基础知识

本小节主要研究量子电池在有限时间 t 内的充电性能。充电性能可以通过存储能量 $E_B(t)$、平均充电功率 $P_B(t)$ 和可提取功 $W_B(t)$ 来量化。量子电池在时刻 t 的存储能量定义为

$$E_B(t) = \text{tr}[\boldsymbol{H}_B \boldsymbol{\rho}_B(t)] - \text{tr}[\boldsymbol{H}_B \boldsymbol{\rho}_B(0)] \tag{1.1}$$

式中,$\boldsymbol{\rho}_B(t)$ 为量子电池在时刻 t 的约化密度矩阵。量子电池的平均充电功率为

$$P_B(t) = E_B(t)/t \tag{1.2}$$

此外,引入可提取功来量化量子电池在充电过程结束时,通过一定的循环幺正操作所能提取的最大能量,定义为

$$W_B(t) = \text{tr}[\boldsymbol{\rho}_B(t)\boldsymbol{H}_B] - \text{tr}[\boldsymbol{\sigma}_{\rho_B}\boldsymbol{H}_B] \tag{1.3}$$

式中,$\boldsymbol{\sigma}_{\rho_B}$ 为"钝态",即不能从中提取能量。

评估最优量子电池的条件为最大内能 E_{max}、最大功率 P_{max}、最大可提取功 W_{max},可表示为

$$\begin{cases} E_{max} = \max[E_B(t)] = E_B(t_E) \\ P_{max} = \max[P_B(t)] = P_B(t_P) \\ W_{max} = \max[W_B(t)] = W_B(t_W) \end{cases} \tag{1.4}$$

式中,t_E、t_P、t_W 分别对应于获得量子电池 E_{max}、P_{max}、W_{max} 的时间。在考虑量子电池的充电过程时,可参见以下章节,更大的 $E_B(t)(E_{max})$、$P_B(t)(P_{max})$、$W_B(t)(W_{max})$ 是优先考虑的。

1.2.2 常见环境场景

常见环境场景下的充电模型由 3 个子系统组成:量子电池 B、量子充电器 C 和一个公共环境 E,其中,公共环境 E 由 N 个热库组成,在充电过程中能量可以从 C 转移到 B,如图 1-1 所示。充电器和量子电池都被视为具有激发态 $|e\rangle$ 和基态 $|g\rangle$ 的两能级系统(即量子比特),并被注入 N 个共同的零温玻色热库环境中。假设量子电池和充电器的跃迁频率相同,即 $\omega_B = \omega_C = \omega_0$,整个系统的 Hamiltonian 表示为

$$H = H_0 + f(t)H_I \tag{1.5}$$

式中

$$\begin{cases} H_0 = \omega_0 \sigma_+^B \sigma_-^B + \omega_0 \sigma_+^C \sigma_-^C + \sum_{n=1}^{N} \sum_k \omega_{n,k} b_{n,k}^+ b_{n,k} \\ H_I = \sum_{n=1}^{N} \sum_k g_{C,n,k}(\sigma_-^C b_{n,k}^+ + \sigma_+^C b_{n,k}) + \sum_{n=1}^{N} \sum_k g_{B,n,k}(\sigma_-^B b_{n,k}^+ + \sigma_+^B b_{n,k}) \end{cases} \tag{1.6}$$

式中,σ_+^j、σ_-^j($j=B,C$)是量子比特的产生和湮灭算子,$b_{n,k}^+$($b_{n,k}$)是第 n 个热库中第 k 个模式的产生(湮灭)算子,$g_{j,n,k}$($j=B,C$)是量子比特与第 n 个热库中第 k 个模式之间的耦合强度常数。整个系统的 Hamiltonian 中的 $f(t)$ 描述了充电时间间隔,假设 $f(t)$ 是阶跃函数,即

$$f(t) = \begin{cases} 1 & 0 \leqslant t < \tau \\ 0 & t \geqslant \tau \text{ 或 } t < 0 \end{cases} \tag{1.7}$$

在相互作用绘景中,Hamiltonian 可以写成

$$\begin{aligned} H_{int} = &\sum_{n=1}^{N} \sum_k g_{C,n,k}(\sigma_-^C b_{n,k}^+ \mathrm{e}^{-\mathrm{i}(\omega_0 - \omega_{n,k})t} + \sigma_+^C b_{n,k} \mathrm{e}^{\mathrm{i}(\omega_0 - \omega_{n,k})t}) + \\ &\sum_{n=1}^{N} \sum_k g_{B,n,k}(\sigma_-^B b_{n,k}^+ \mathrm{e}^{-\mathrm{i}(\omega_0 - \omega_{n,k})t} + \sigma_+^B b_{n,k} \mathrm{e}^{\mathrm{i}(\omega_0 - \omega_{n,k})t}) \end{aligned} \tag{1.8}$$

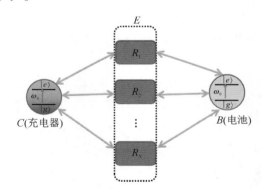

图 1.1　常见环境场景下量子电池的充电模型

为了描述充电器-热库耦合强度常数 $g_{C,n,k}$ 和电池-热库耦合强度常数 $g_{B,n,k}$ 的区别,这里引入 $\theta = \arctan(g_{B,n,k}/g_{C,n,k}) \in (0, \pi/2)$,因此耦合强度常数可以分别写成

$$g_{B,n,k} = g_{n,k} g_{B,n,k} / (g_{C,n,k}^2 + g_{B,n,k}^2)^{1/2} = g_{n,k} \sin\theta \tag{1.9}$$

和

$$g_{C,n,k} = g_{n,k} g_{C,n,k} / (g_{C,n,k}^2 + g_{B,n,k}^2)^{1/2} = g_{n,k} \cos\theta \tag{1.10}$$

其中,整体耦合强度由 $g_{n,k}=(g_{C,n,k}^2+g_{B,n,k}^2)^{1/2}$ 给出。注意,$\theta=\pi/4$ 表示充电器-热库耦合和电池-热库耦合的强度相同。

为了探索弱系统-环境耦合机制和强系统-环境耦合机制下量子电池获得最佳充电过程的条件,则需要了解量子电池的动力学演化过程。假设整个系统的初始状态为

$$|\phi(0)\rangle=(a(0)|eg\rangle_{CB}+c(0)|ge\rangle_{CB})\otimes\prod_{n=1}^{N}|\bar{0}\rangle_{n,r} \tag{1.11}$$

式中,$|\bar{0}\rangle_{n,r}=\prod_{k=1}^{N}|0_k\rangle_{n,r}$ 表示 N 个热库的真空态。由于考虑整个系统在单激发空间,因此整个系统的演化状态可表示为

$$|\phi(t)\rangle=(a(t)|eg\rangle_{CB}+c(t)|ge\rangle_{CB})\otimes\prod_{n=1}^{N}|\bar{0}\rangle_{n,r}+|gg\rangle_{CB}\otimes$$

$$\sum_{n=1}^{N}\sum_{k}c_{n,k}(t)|1_k\rangle_{n,r} \tag{1.12}$$

根据相互作用绘景中的 Schrödinger 方程,每个概率幅值由以下微分方程决定,即

$$\begin{cases}\dot{a}(t)=-i\sum_{n=1}^{N}\sum_{k}g_{n,k}\sin\theta c_{n,k}(t)e^{i(\omega_0-\omega_{n,k})t}\\[2mm]\dot{c}(t)=-i\sum_{n=1}^{N}\sum_{k}g_{n,k}\cos\theta c_{n,k}(t)e^{i(\omega_0-\omega_{n,k})t}\\[2mm]\dot{c}_{n,k}(t)=-ig_{n,k}\cos\theta e^{-i(\omega_0-\omega_{n,k})t}c(t)-ig_{n,k}\sin\theta e^{-i(\omega_0-\omega_{n,k})t}a(t)\end{cases} \tag{1.13}$$

对 $\dot{c}_{n,k}(t)$ 与初始条件 $c_{n,k}(0)=0$ 进行积分,并将解代入 $\dot{a}(t)$、$\dot{c}(t)$,可得微分积分方程

$$\begin{cases}\dot{a}(t)=-\int_0^t\sum_{n=1}^{N}\sum_{k}|g_{n,k}|^2\sin\theta\cos\theta e^{-i(\omega_0-\omega_{n,k})(t-t')}c(t')dt'-\\[2mm]\qquad\int_0^t\sum_{n=1}^{N}\sum_{k}|g_{n,k}|^2\sin^2\theta e^{-i(\omega_0-\omega_{n,k})(t-t')}a(t')dt'\\[2mm]\dot{c}(t)=-\int_0^t\sum_{n=1}^{N}\sum_{k}|g_{n,k}|^2\cos^2\theta e^{-i(\omega_0-\omega_{n,k})(t-t')}c(t')dt'-\\[2mm]\qquad\int_0^t\sum_{n=1}^{N}\sum_{k}|g_{n,k}|^2\sin\theta\cos\theta e^{-i(\omega_0-\omega_{n,k})(t-t')}a(t')dt'\end{cases} \tag{1.14}$$

式中,项 $\sum_{k}|g_{n,k}|^2 e^{-i(\omega_0-\omega_{n,k})(t-t')}$ 可以看作是第 n 个热库 R_n 的关联函数 $m_n(t-t')$,可转换为大量模态极限下积分的谱密度 $J_n(\omega)$,即

$$m_n(t-t')=\int d\omega J_n(\omega)\exp[i(\omega_0-\omega_{n,k})(t-t')] \tag{1.15}$$

因此,式(1.14)可重新表示为

$$
\begin{cases}
\dot{a}(t) = -\int_0^t \sin\theta\cos\theta c(t')M(t-t')\mathrm{d}t' - \int_0^t \sin^2\theta a(t')M(t-t')\mathrm{d}t' \\
\dot{c}(t) = -\int_0^t \cos^2\theta c(t')M(t-t')\mathrm{d}t' - \int_0^t \sin\theta\cos\theta a(t')M(t-t')\mathrm{d}t'
\end{cases}
$$

$$(1.16)$$

式中,$M(t-t') = \sum_{n=1}^{N} m_n(t-t')$。式(1-15)中考虑热库的谱密度为 Lorentz 形式,即第 n 个热库的谱密度为

$$J_n(\omega) = \Gamma_n\lambda_n^2 / \{2\pi((\omega-\omega_0)^2 + \lambda_n^2)\} \quad (1.17)$$

式中,Γ_n 为量子比特-热库耦合强度,λ_n^{-1} 为第 n 个热库的关联时间,则第 n 个热库的两点关联函数为

$$m_n(t-t') = \Gamma_n\lambda_n e^{-\lambda_n|t-t'|}/2 \quad (1.18)$$

为方便起见,假设热库谱相同,即 $\Gamma_n/\lambda_n = \Gamma/\lambda$,结合 Laplace 变换和 Laplace 逆变换技术,可求解式(1.16)中的 $a(t)$ 和 $c(t)$,即

$$
\begin{cases}
a(t) = a(0)[\sin^2\theta + \cos^2\theta\xi(t)] - c(0)\sin\theta\cos\theta[1-\xi(t)] \\
c(t) = c(0)[\cos^2\theta + \sin^2\theta\xi(t)] - a(0)\sin\theta\cos\theta[1-\xi(t)]
\end{cases}
$$

$$(1.19)$$

式中

$$\xi(t) = e^{-\lambda/2}\left[\cosh\left(\frac{\mu t}{2}\right) + \frac{\lambda}{\mu}\sinh\left(\frac{\mu t}{2}\right)\right] \quad (1.20)$$

且 $\mu = \sqrt{\lambda^2 - 2N\lambda\Gamma}$。由式(1.19)可得量子电池与充电器在充电过程后的约化密度矩阵元素(即 $t = \tau$)为

$$
\begin{cases}
\rho_B(\tau) = |c(\tau)|^2 |e\rangle\langle e| + [1-|c(\tau)|^2]|g\rangle\langle g| \\
\rho_C(\tau) = |a(\tau)|^2 |e\rangle\langle e| + [1-|a(\tau)|^2]|g\rangle\langle g|
\end{cases}
$$

$$(1.21)$$

则根据式(1.1)~式(1.3),量子电池的存储能量、平均充电功率和可提取功为

$$
\begin{cases}
E_B(\tau) = \omega_0 |c(\tau)|^2 \\
P_B(\tau) = \dfrac{\omega_0 |c(\tau)|^2}{\tau} \\
W_B(\tau) = \omega_0(2|c(\tau)|^2 - 1)\Theta(|c(\tau)^2| - 1/2)
\end{cases}
$$

$$(1.22)$$

式中,$\Theta(x-x_0)$ 为 Heaviside 函数。利用式(1.22),可以讨论弱/强耦合机制下量子电池获得最优充电过程的条件,弱/强耦合分别表示为 $\Gamma/\lambda < 1$ 和 $\Gamma/\lambda > 1$。下面将介绍一种合适的理论方案来实现这种弱耦合状态下的最优充电。

1. 弱耦合机制

虽然大耦合强度通常是高性能量子电池的首选,但在保持弱耦合状态(即 $\Gamma/\lambda < 1$)

的情况下实现高性能量子电池的问题更有利于实验实现。在弱耦合状态下,期望通过控制共同环境的数量以及量子比特与共同热库之间的耦合来找到更好的充电过程理论方案。图 1-2 所示显示了热库数量 N 和耦合度差异 θ 这两个因素对充电性能(即存储能量 $E_B(\tau)$ 和平均充电功率 $P_B(\tau)$)的影响。注意,正如上述所定义的:θ 描述了电池-热库耦合 $g_{n,k}\cos\theta$ 和充电器-热库耦合 $g_{n,k}\sin\theta$ 的区别。从图 1-2(a) 和图 1-2(b)可以看出,当量子电池和充电器耦合到具有相同强度(即 $\theta=\pi/4$)的公共热库环境时,存储能量 $E_B(\tau)$ 和平均充电功率 $P_B(\tau)$ 是最优的,这种现象可以从式(1.22)中看出,$E_B(\tau)$ 和 $P_B(\tau)$ 的大小与 $(1-\cos 4\theta)/8$ 成正比,可得到 $\theta=\pi/4$ 时的最优存储能量和平均充电功率。从图 1-2(c)和图 1-2(d)所示的公共热库环境数量对 $E_B(\tau)$ 和 $P_B(\tau)$ 的影响中可以看出,随着公共热库环境数量的增加,$E_B(\tau)$ 和 $P_B(\tau)$ 都在增加。这是因为共同环境的作用是将能量从量子充电器转移到电池,因此更多的环境将导致更快、更有效的能量转移。综上,为了获得最优的存储能量和平均充电功率,需要有更多的公共热库环境,以及电池和充电器与公共热库环境具有相同的耦合强度。

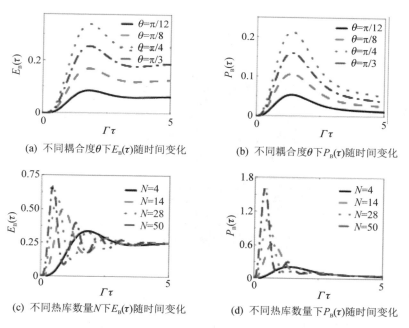

(a) 不同耦合度 θ 下 $E_B(\tau)$ 随时间变化

(b) 不同耦合度 θ 下 $P_B(\tau)$ 随时间变化

(c) 不同热库数量 N 下 $E_B(\tau)$ 随时间变化

(d) 不同热库数量下 $P_B(\tau)$ 随时间变化

图 1.2 存储能量 $E_B(\tau)$、平均充电功率 $P_B(\tau)$ 随时间的变化①

———————————

① 图 1-2(a)和(b)中,参数 $a(0)=1,c(0)=0,\lambda/\Gamma=2,N=4$;图 1-2(c)和(d)中,$a(0)=1,c(0)=0$,$\lambda/\Gamma=2,\theta=\pi/4$;$E_B(\tau)$、$P_B(\tau)$ 都以 ω_0 为单位,除非特别说明,本章下文中的物理量都以 ω_0 为单位。

为了更直观、全面地理解 N 和 θ 对最大储能 E_{max} 的影响,图 1-3 显示了最大储能 E_{max} 随 N 和 θ 的变化,这也证明了增加热库 N 的个数,且取 $\theta=\pi/4$,可以优化量子电池的结果。注意,E_{max} 是关于 $\theta=\pi/4$ 对称的,这是 $\cos\theta$ 依赖于 θ 的结果。此外,最大可提取功 W_{max} 随 N 和 θ 的变化如图 1-4 所示,同理,当 $\theta=\pi/4$ 且 N 较大时,量子电池将具有更多的可提取功。

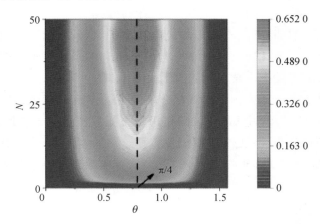

图 1.3　最大存储能量 E_{max} 随公共热库环境 N 和耦合度 θ 的变化[①]

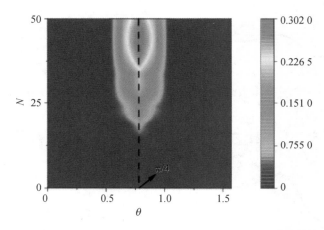

图 1.4　最大可提取功 W_{max} 随公共热库环境数量 N 和耦合度 θ 的变化[①]

结合上述结果和分析,为了在该量子电池模型中获得弱耦合机制下的最佳充电性能,需要将电池和充电器尽可能多地耦合到公共的热库环境中,并且电池-热库耦合的强度应与充电器-热库耦合的强度相同。

---

① 　参数 $a(0)=1$,$c(0)=0$,$\lambda/\Gamma=2$。

2. 强耦合机制

考虑量子电池和充电器与多个公共热库环境强耦合(即 $\Gamma/\lambda < 1$)的情况下,量子电池的充电性能是否相对更好的问题。由于在弱耦合状态下,通过控制耦合强度和增加热库数量可以显著改善充能性能,因此在强耦合状态下是否也有效。

图 1-5 和图 1-6 所示分别为在强系统-环境耦合机制下,共同热库环境数目 N 和耦合强度 θ 对量子电池最大储能 E_{max} 和最大可提取功 W_{max} 的影响。与弱系统-环境耦合机制下的量子电池充电过程类似,在 N 较大且 $\theta = \pi/4$ 条件下,强系统-环境耦合机制下的最大储能和最大可提取功也可以得到。也就是说,无论在强耦合还是弱耦合状态下,当量子电池和充电器耦合到共同的热库环境时,增加共同环境的数量,并控制电池-热库耦合和充电器-热库耦合相同,将显著提高量子电池的性能。

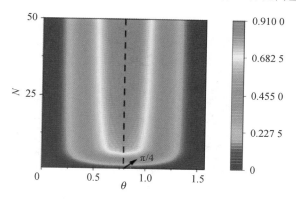

图 1.5　最大存储能量 E_{max} 随公共热库环境 N 和耦合强度 θ 的变化[①]

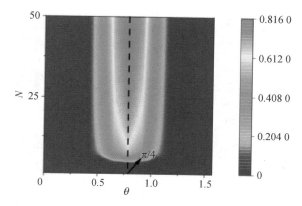

图 1.6　最大可提取功 W_{max} 随公共热库环境 N 和耦合强度 θ 的变化[①]

---

①　参数 $a(0) = 1, c(0) = 0, \lambda/\Gamma = 0.1$。

综上所述,本小节的结论为:为了优化量子电池和充电器在常见热库环境下的充电过程,需要调整充电器和量子电池与公共热库环境的耦合强度,使其满足 $g_{C,n,k} = g_{B,n,k}$(即 $\theta = \pi/4$),并增加共同热库环境的数量。

1.2.3 独立环境场景

由于量子电池和量子充电器在实践中可能面临不同的环境,因此在本小节中,将考虑量子电池和充电器处于不同环境下的充电模型。该模型的原理图如图 1-7 所示,其中,量子充电器直接与量子电池相互作用,两者分别耦合到各自的和独立的热库环境;更具体地说,量子电池耦合 N 个热库环境,而充电器耦合到另一 L 个热库环境。整个系统的 Hamiltonian 表示为

$$H' = H'_0 + f(t) H'_I \tag{1.23}$$

式中

$$\begin{cases} H'_0 = \omega_0 \sigma_+^B \sigma_-^B + \omega_0 \sigma_+^C \sigma_-^C + \sum_{n=1}^{N} \sum_k \omega_{n,k} b_{n,k}^+ b_{n,k} + \sum_{l=1}^{L} \sum_k \omega_{l,k} a_{l,k}^+ a_{l,k} \\ H'_I = \Omega(\sigma_+^B \sigma_-^C + \sigma_+^C \sigma_-^B) + \sum_{l=1}^{L} \sum_k g_{C,l,k}(a_{l,k}^+ \sigma_-^C + \sigma_+^C a_{l,k}) + \\ \qquad \sum_{n=1}^{N} \sum_k g_{B,l,k}(b_{n,k}^+ \sigma_-^B + \sigma_+^B b_{n,k}) \end{cases} \tag{1.24}$$

式中,$a_{l,k}^+$($a_{l,k}$)为热库 l 中频率为 $\omega_{l,k}$ 的场模 k 的产生(湮灭)算符。式(1.24)中的其他算符和参数的定义与式(1.6)相同。整个系统的 Hamiltonian 中的 $f(t)$ 是一个经典参数,其意义与前面讨论的相同。

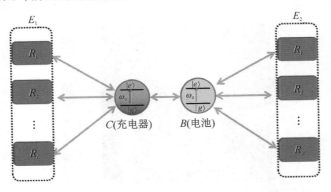

图 1.7 不同环境下量子电池的充电模型

为了研究量子电池的最佳充电性能,需要了解量子电池的动力学演化过程。假设整个系统的初始状态为

$$|\psi(0)\rangle = (\mu(0)\,|eg\rangle + v(0)\,|ge\rangle)_{CB} \otimes \prod_{l=1}^{L} |\bar{0}\rangle_{l,r} \otimes \prod_{n=1}^{N} |\bar{0}\rangle_{n,r} \quad (1.25)$$

式中，$\prod_{l=1}^{L} |\bar{0}\rangle_{l,r}$（$\prod_{n=1}^{N} |\bar{0}\rangle_{n,r}$）表示 $L(N)$ 储集环境的真空状态。状态 $|\psi(0)\rangle$ 在时间 $t>0$ 后演变为状态

$$|\psi(0)\rangle = (\mu(t)\,|eg\rangle + v(t)\,|ge\rangle)_{CB} \otimes \prod_{l=1}^{L} |\bar{0}\rangle_{l,r} \otimes \prod_{n=1}^{N} |\bar{0}\rangle_{n,r} + |gg\rangle_{CB} \otimes$$

$$\left(\sum_{l=1}^{L} \sum_{k} \eta_{l,k}^{C}(t)|1_k\rangle_{l,r} \prod_{n=1}^{N} |\bar{0}\rangle_{n,r} + \sum_{n=1}^{N} \sum_{k} \eta_{n,k}^{B}(t)\,|1_k\rangle_{n,r} \prod_{l=1}^{L} |\bar{0}\rangle_{l,r} \right)$$

$$(1.26)$$

式中，$\mu(t)$、$v(t)$、$\eta_{l,k}^{C}(t)$、$\eta_{n,k}^{B}$ 为待确定的振幅。根据相互作用绘景中的 Schrödinger 方程，这些振幅由以下微分方程决定，即

$$\begin{cases} \dot{\mu}(t) = -\mathrm{i}(\Omega v(t) + \sum_{l=1}^{L} \sum_{k} \eta_{l,k}^{C}(t) g_{C,l,k} \mathrm{e}^{\mathrm{i}(\omega_0-\omega_{l,k})t}) \\ \dot{v}(t) = -\mathrm{i}(\Omega \mu(t) + \sum_{n=1}^{N} \sum_{k} \eta_1 nk^{B}(t) g_{B,n,k} \mathrm{e}^{\mathrm{i}t(\omega_0-\omega_{n,k})}) \\ \dot{\eta}_{l,k}^{C}(t) = -\mathrm{i}\mu(t) g_{C,l,k} \mathrm{e}^{-\mathrm{i}(\omega_0-\omega_{l,k})t} \\ \dot{\eta}_{n,k}^{B} = -\mathrm{i}v(t) g_{B,n,k} \mathrm{e}^{-\mathrm{i}(\omega_0-\omega_{n,k})t} \end{cases} \quad (1.27)$$

假设量子电池和充电器所耦合的每个热库环境的 Lorentz 谱密度分别为

$$J_B(\omega) = \gamma\lambda^2 / (2\pi[(\omega_0-\omega)^2 + \lambda^2]) \quad (1.28)$$

和

$$J_C(\omega) = \Gamma\lambda^2 / (2\pi[(\omega_0-\omega)^2 + \lambda^2]) \quad (1.29)$$

式中，参数 Γ 和 γ 为量子充电器和电池与各自热库环境的有效耦合强度，$\gamma/\lambda \ll 1$（$\gamma/\lambda \gg 1$）表示系统与环境处于弱（强）耦合机制中。然后，按照与前述相同的步骤求解量子电池和充电器的动态演化，可以得到振幅 $v(t)$、$\mu(t)$。在充电过程结束时（即 $t=\tau$），量子电池和充电器的约化密度矩阵元素为

$$\begin{cases} \rho_B(\tau) = |v(\tau)|^2 \,|e\rangle\langle e| + [1-|v(\tau)|^2] \,|g\rangle\langle g| \\ \rho_C(\tau) = |\mu(\tau)|^2 \,|e\rangle\langle e| + [1-|\mu(\tau)|^2] \,|g\rangle\langle g| \end{cases} \quad (1.30)$$

则根据式（1.1）～式（1.3），量子电池的储存能量 $E_B(\tau)$、平均充电功率 $P_B(\tau)$、可提取功 $W_B(\tau)$ 也可表示为

$$\begin{cases} E_B(\tau) = \omega_0 |v(\tau)|^2 \\ P_B(\tau) = \dfrac{\omega_0 |v(\tau)|^2}{\tau} \\ W_B(\tau) = \omega_0(2|v(\tau)|^2-1)\Theta(|v(\tau)|^2-1/2) \end{cases} \quad (1.31)$$

根据式(1.31),下面分析量子电池与充电器处于不同数量的环境下,如何在弱耦合和强耦合机制下获得量子电池的最优充电性能。

首先,考虑当量子电池与充电器所耦合的热库环境数目相同或不同时,量子电池-热库耦合的影响。如图1-8所示,无论量子电池和充电器分别耦合到多少个热库环境,电池-热库耦合的强度都会随着量子电池和充电器的存储能量 $E_B(\tau)$ 的增加而降低。也就是说,量子电池与热库环境之间的弱耦合更有利于提高充电性能,这是因为随着电池-热库耦合的增强,量子电池中可能会有更多的能量留在环境自由度中,从而导致量子电池的储能能力减弱。因此,当使用充电器直接充电时,最好采用较弱的电池-热库耦合,以提高存储能量。

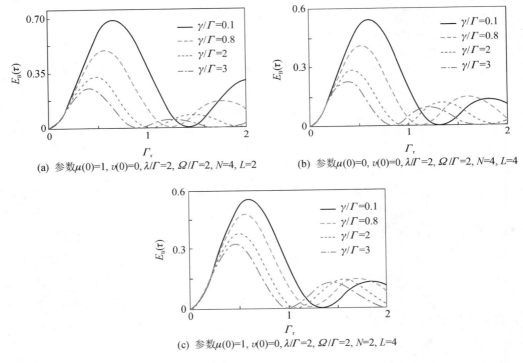

(a) 参数 $\mu(0)=1$, $v(0)=0$, $\lambda/\Gamma=2$, $\Omega/\Gamma=2$, $N=4$, $L=2$

(b) 参数 $\mu(0)=0$, $v(0)=0$, $\lambda/\Gamma=2$, $\Omega/\Gamma=2$, $N=4$, $L=4$

(c) 参数 $\mu(0)=1$, $v(0)=0$, $\lambda/\Gamma=2$, $\Omega/\Gamma=2$, $N=2$, $L=4$

图 1.8　存储能量 $E_B(\tau)$ 随时间的变化

其次,为了分析量子电池和充电器所耦合的不同热库环境数对最大存储能量的影响,由 E_{max} 随 N 和 L 的变化(见图1-9)可以看出,量子电池的最大存储能量随热库环境数量的增加而减小。此外,需要注意的是,与电池-环境耦合的强度相比,量子充电器所耦合的环境数量对量子电池可存储能量的影响更大。因此,为了优化量子电池的充电性能,减少量子电池和充电器单独耦合的环境数量是首选的,而减少充电所面临的环境数量具有更高的优先级。

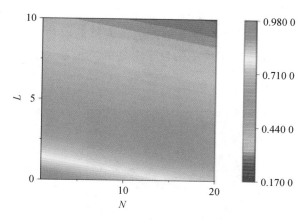

**图 1.9　最大存储能量 E_{max} 随耦合到量子电池的热库环境数目 N 和
耦合到量子充电器的热库环境数目 L 的变化**①

　　为了全面了解量子电池耦合热库环境数量 N 和量子电池与环境的耦合强度 γ/Γ 对量子电池充电性能的影响,图 1 – 10、图 1 – 11 和图 1 – 12 分别展示了 E_{max}、P_{max} 和 W_{max} 随 N 和 γ/Γ 的变化情况,各图均为量子电池和充电器与相同数量的热库环境(即 $N=L$)时的相互作用。可以看出,量子电池的最大存储能量 E_{max} 和最大平均充电功率 P_{max} 都随 N 或 γ/Γ 的减小而增大,表明更少的热库 N 和更小的电池-环境耦合 γ/Γ 可以提高量子电池的充电性能。对于给定数量的热库环境 N,量子

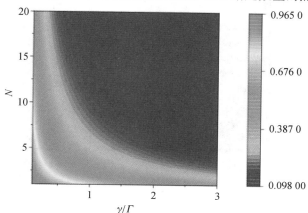

**图 1.10　最大存储能量 E_{max} 随热库环境数目 N 和
量子电池与环境的耦合强度 γ/Γ 的变化**②

①　参数 $\mu(0)=1,v(0)=0,\lambda/\Gamma=2,\gamma/\Gamma=0.1,\Omega/\Gamma=2$。
②　参数 $\mu(0)=1,v(0)=0,\lambda/\Gamma=2,\Omega/\Gamma=2$。

电池与热库环境之间存在临界耦合强度 γ_{cr}/Γ,当 $\gamma/\Gamma > \gamma_{cr}/\Gamma$ 时,没有可提取的功(即 $W_{max}=0$);当 $\gamma/\Gamma < \gamma_{cr}/\Gamma$ 时,量子电池的最大可提取功 W_{max} 随 γ/Γ 的减小而增大。因此,对于耦合到各自环境中的量子电池和充电器,量子电池与热库之间的耦合强度不应超过临界值。

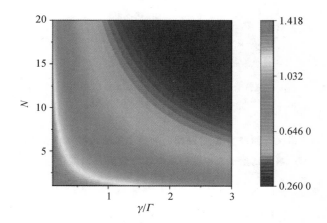

图 1.11 最大平均充电功率 P_{max} 随热库环境数目 N 和
量子电池与环境的耦合强度 γ/Γ 的变化[①]

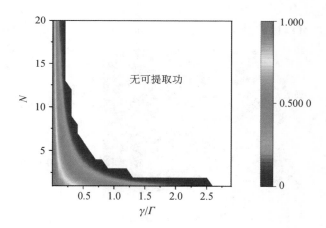

图 1.12 最大可提取功 W_{max} 随热库环境数目 N 和
量子电池与环境的耦合强度 γ/Γ 的变化[①]

---

① 参数 $\mu(0)=1, \upsilon(0)=0, \lambda/\Gamma=2, \Omega/\Gamma=2$。

1.3　复合环境下量子电池的充放电过程

1.3.1　物理模型和方法

整个系统包括一个量子电池 B（即一个量子比特），两个与量子电池相互作用的环境（E_1 和 E_2），以及一个量子充电器 C（即一个量子比特）。每个环境 E_n（$n=1,2$）都可以建模为玻色子模 m_n 和零温玻色热库 R_n。其中，玻色腔模 m_n 耦合到强度为 κ 的量子电池上，衰减到零温玻色热库 R_n，如图 1-13 所示。

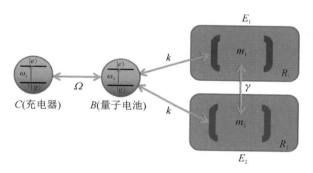

图 1.13　量子电池与两个环境 E_n（$n=1,2$）相互作用示意图[①]

需要注意的是，本节的模型和文献[36]中的模型都将腔场和热库作为量子电池的环境。不同之处在于，在本节的模型中，环境 E_1 和环境 E_2 之间存在相互作用，且两种环境之间的相互作用依赖于两个玻色腔模之间的耦合强度 γ，而后者则是量子电池性能的控制参数。量子电池与充电器的耦合强度为 Ω。整个系统的 Hamiltonian 描述表示为

$$H = H_0 + f(t)H_1 \tag{1.32}$$

式中，H_0 为总自由 Hamiltonian，H_1 描述了整个系统中子系统之间的相互作用。式（1.32）中的总自由 Hamiltonian 可表示为

$$H_0 = H_C + H_B + \sum_{n=1}^{2}(H_{m_n} + H_{R_n}) =$$

$$\omega_0 \sigma_C^+ \sigma_C^- + \omega_0 \sigma_B^+ \sigma_B^- + \sum_{n=1}^{2} \omega_0 a_n^+ a_n + \sum_{n=1}^{2} \sum_k \omega_{n,k} b_n^+ b_{n,k} \tag{1.33}$$

---

①　每个环境 E_n 由一个单模腔 m_n 衰变成一个热环境 R_n 表示。量子电池与充电器之间的耦合强度为 Ω，量子电池与两个耦合单腔模之间的耦合强度为 κ，两个腔模 m_1 和 m_2 之间的耦合强度为 γ。

式中，σ_j^+（σ_j^-）（j＝B，C）为第 j 个量子比特的升降算子，a_n^+（a_n）为第 n 个模的产生（湮灭）算子，$b_{n,k}^+$（$b_{n,k}$）为热库 R_n 的第 k 个场模的产生（湮灭）算子。式（1.32）中的相互作用 Hamiltonian 可表示为

$$H_{\mathrm{I}} = H_{\mathrm{BC}} + H_{m_1 m_2} + \sum_{n=1}^{2}(H_{\mathrm{B}m_n} + H_{m_n R_n}) =$$

$$\Omega(\sigma_{\mathrm{C}}^+ \sigma_{\mathrm{B}}^- + \sigma_{\mathrm{C}}^- \sigma_{\mathrm{B}}^+) + \gamma(a_1 a_2^+ + a_2 \sigma_1^+) + \sum_{n=1}^{2}\kappa(\sigma_{\mathrm{B}}^+ a_n + \sigma_{\mathrm{B}}^- a_n^+) +$$

$$\sum_{n=1}^{2}\sum_{k} g_{n,k}(a_n b_{n,k}^+ + a_n^+ b_{n,k}) \tag{1.34}$$

式中，第一项是量子充电器-量子电池相互作用的 Hamiltonian，第二项是模-模相互作用的 Hamiltonian，第三项是量子电池-模相互作用的 Hamiltonian，最后一项是模-热库相互作用的 Hamiltonian。在相互作用绘景中，整个系统的 Hamiltonian 可表示为

$$H_{\mathrm{int}} = \Omega(\sigma_{\mathrm{C}}^+ \sigma_{\mathrm{B}}^- + \sigma_{\mathrm{C}}^- \sigma_{\mathrm{B}}^+)\sum_{n=1}^{2}\kappa(\sigma_{\mathrm{B}}^+ a_n + \sigma_{\mathrm{B}}^- a_n^+) + \gamma(a_1 a_2^+ + a_2 a_1^+) +$$

$$\sum_{n=1}^{2}\sum_{k} g_{n,k}(a_n b_{n,k}^+ e^{\mathrm{i}\Delta_{n,k} t} + b_n a_{n,k}^+ e^{-\mathrm{i}\Delta_{n,k} t}) \tag{1.35}$$

式中，$\Delta_{n,k} = \omega_{n,k} - \omega_0$。

式（1.32）中的 $f(t)$ 是一个开关函数（当 $t \in [0,\tau]$ 时，$f(t)=1$；当 $t<0$ 或 $t>\tau$ 时，$f(t)=0$），用于切换相互作用的开启或关闭，其中，τ 表示协议的充电/自放电时间。在量子电池的充电协议中认为，当 $t<0$ 时，量子电池和充电器是隔离的，不与环境相互作用；当 $t=0$ 时，通过打开相互作用 Hamiltonian H_{I}，充电器 C 附着在量子电池 B 上，则量子电池 B 开始与模式 m_n 相互作用，模式 m_n 与储能器 R_n 相互作用。由于 $[H_0, H_{\mathrm{I}}] \neq 0$，量子电池的最终能量不仅与充电器有关，还与开关时刻的开/关相互作用的热力学功有关[22,37]。在时间窗 $[0,\tau]$ 内，量子充电器的一部分能量流入量子电池，量子电池的一部分能量进入环境。在充电过程结束时，即当 $f(t)$ 返回零时的时间 τ，再次隔离量子电池系统并关闭相互作用。考虑到环境的无限自由度，这里仅关注的是量子电池在复合环境影响下的充放电过程，而没有讨论热力学功成本的多少。对于自放电协议，根据文献[28]，考虑与充电器断开（即 $\Omega=0$）的量子电池，研究量子电池向周围环境的能量耗散。

为了研究复合环境下量子电池的充放电过程，需要引入表征量子电池性能的物理量。下面将详细描述量子电池充电/自放电过程的性能表征。

1. 量子电池充电过程的性能表征

在充电过程中，首先要考虑的是表征充电器的能量如何有效地转移到量子电池中。为此，需要考虑量子电池在充电结束时的存储能量和相应的平均功率（充电时

间内的存储能量），即：

$$E_B(\tau) = \mathrm{tr}[H_B \rho_B(\tau)] - \mathrm{tr}[H_B \rho_B(0)] \tag{1.36}$$

$$P_B(\tau) = E_B(\tau)/\tau \tag{1.37}$$

式中，$\rho_B(\tau) = \mathrm{tr}_A(\rho_{AB}(\tau))$ 为量子电池的状态。

其次，为了量化在循环幺正运算下，当充电过程结束时量子电池可以提取的最大能量，则定义可提取功为

$$W_B(\tau) = \mathrm{tr}(\rho_B(\tau) H_B) - \min[\mathrm{tr}(U\rho_B(\tau)U^\dagger H_B)] \tag{1.38}$$

式中，对所有可能的集合执行最小化，$\min[\mathrm{tr}(U\rho_B(\tau)U^\dagger H_B)]$ 项对应于被动状态 σ_{ρ_B} 上计算的 H_B 的期望值 $E_B^{(P)}(\tau) = \mathrm{tr}(H_B \sigma_{\rho_B})$，而量子电池在循环幺正过程中不能提取任何功。通过引入钝态，式（1.38）可改写成

$$W_B(\tau) = \mathrm{tr}(\rho_B(\tau) H_B) - \mathrm{tr}(\sigma_{\rho_B} H_B) \tag{1.39}$$

最后，为了更好地评价量子电池的充电性能，则最大储能 $E_{\max}$ 和最大可提取功 $W_{\max}$ 可由下式给出

$$\begin{cases} E_{\max} \equiv \max[E_B(\tau)] \\ W_{\max} \equiv \max[W_B(\tau)] \end{cases} \tag{1.40}$$

为了寻找量子电池的最佳充电过程，则需要较大的 $E_{\max}$ 和 $W_{\max}$。

2. 量子电池自放电过程的性能表征

一个好的量子电池不仅要有良好的充电性能，还要有很强的抑制自放电的能力。为了衡量这种能力，考虑自放电条件（即 $\Omega = 0$），引入最小储能 $E_{\min}$ 和最小可提取功 $W_{\min}$ 可由下式给出

$$\begin{cases} E_{\min} \equiv \min[E_B(\tau)] \\ W_{\min} \equiv \min[W_B(\tau)] \end{cases} \tag{1.41}$$

在量子电池的自放电过程中，$E_{\min}$ 和 $W_{\min}$ 越大，表明在不受环境影响的情况下，电池能够保持更多的能量。

因此，根据上述定义，可重点通过控制模型中的环境参数（即环境部件之间的耦合强度和复杂环境的记忆效应）来提高充电性能和抑制自放电过程。

1.3.2 量子电池的充电过程

首先，研究热库环境的记忆效应与环境部分之间的耦合强度 γ 在量子电池充电过程中的作用。为此，需要分析量子电池的动力学演化过程。假设整个系统的初始状态为

$$|\Phi(0)\rangle = (c_1(0)|10\rangle_{CB} + h(0)|01\rangle_{CB}) \otimes |00\rangle_{m_1 m_2} \overline{|00\rangle}_{R_1 R_2} \tag{1.42}$$

式中，$|\overline{0}\rangle_{R_n} \equiv \prod_k |0_k\rangle_{R_n}$。整个系统的总激发数被限制为 1。由于激发数算子 $N =$

$\sum\limits_{j=C,B}\sigma_j^+\sigma_j^- + \sum\limits_{i=1}^{2}a_i^+a_i + \sum\limits_{i=1}^{2}\sum\limits_{k}b_{i,k}^+b_{i,k}$ 是一个守恒量子数,所以整个系统的总激发数在演化过程中保持不变。因此,可将由单激励子空间张成的基中的一般总状态向量写成

$$
\begin{aligned}
|\Phi(t)\rangle = &(c_1(t)|10\rangle_{CB} + h(t)|01\rangle_{CB})\otimes|00\rangle_{m_1m_2}|\overline{00}\rangle_{R_1R_2} + \\
&c_2(t)|00\rangle_{CB}|10\rangle_{m_1m_2}|\overline{00}\rangle_{R_1R_2} + c_3(t)|00\rangle_{CB}|01\rangle_{m_1m_2}|\overline{00}\rangle_{R_1R_2} + \\
&c_{1,k}(t)|00\rangle_{CB}|00\rangle_{m_1m_2}|1_k\rangle_{R_1}|\overline{0}\rangle_{R_2} + c_{2,k}(t)|00\rangle_{CB}|00\rangle_{m_1m_2}|\overline{0}\rangle_{R_1}|1_k\rangle_{R_2}
\end{aligned}
$$

$$(1.43)$$

式中,$|1_k\rangle_{R_1} \equiv |0\cdots 1_k\cdots 0\rangle_{R_n}$ 表示热库 R_n 的第 k 个模态处于单激发态。根据 Schrödinger 方程,可以得到以下微分方程:

$$
\begin{cases}
\dot{c}_1(t) = -\mathrm{i}\Omega h(t) \\
\dot{h}(t) = -\mathrm{i}\Omega c_1(t) - \mathrm{i}\kappa c_2(t) - \mathrm{i}\kappa c_3(t) \\
\dot{c}_2(t) = -\mathrm{i}\kappa h(t) - \mathrm{i}\gamma c_3(t) - \mathrm{i}g_{1,k}\mathrm{e}^{-\mathrm{i}\Delta_{1,k}t}c_{1,k}(t) \\
\dot{c}_3(t) = -\mathrm{i}\kappa h(t) - \mathrm{i}\gamma c_2(t) - \mathrm{i}g_{2,k}\mathrm{e}^{-\mathrm{i}\Delta_{2,k}t}c_{2,k}(t) \\
\dot{c}_{1,k}(t) = -\mathrm{i}g_{1,k}\mathrm{e}^{\mathrm{i}\Delta_{1,k}t}c_2(t) \\
\dot{c}_{2,k}(t) = -\mathrm{i}g_{2,k}\mathrm{e}^{\mathrm{i}\Delta_{2,k}t}c_3(t)
\end{cases}
$$

$$(1.44)$$

将上式中最后两个微分方程积分并代回来,可得

$$
\begin{cases}
\dot{c}_2(t) = -\mathrm{i}\kappa h(t) - \mathrm{i}\gamma c_3(t) - \displaystyle\int_0^t\sum_k |g_{1,k}|^2\mathrm{e}^{-\mathrm{i}\Delta_{1,k}(t-t')}c_2(t')\mathrm{d}t' \\
\dot{c}_3(t) = -\mathrm{i}\kappa h(t) - \mathrm{i}\gamma c_2(t) - \displaystyle\int_0^t\sum_k |g_{2,k}|^2\mathrm{e}^{-\mathrm{i}\Delta_{2,k}(t-t')}c_3(t')\mathrm{d}t'
\end{cases}
$$

$$(1.45)$$

将项 $\sum\limits_k |g_{n,k}|^2\mathrm{e}^{-\mathrm{i}(\omega_0-\omega_{n,k})(t-t')}$ 视为热库 R_n 的相关函数 $F(t-t')$。现在考虑热库 R_n 具有 Lorentz 谱密度 $J(\omega)=\Gamma\lambda^2/\{2\pi[(\omega-\omega_0)^2+\lambda^2]\}$ 的形式,则对应的相关函数为

$$
F(t-t') = \Gamma\lambda\exp(-\lambda|t-t'|)/2
$$

式中,$1/\lambda$ 为记忆时间,Γ 为空腔-热库耦合强度。$\dot{c}_1(t)$、$\dot{h}(t)$、$\dot{c}_2(t)$、$\dot{c}_3(t)$ 的微分方程可以用数值方法求解。通过计算整个系统的其他自由度,可以得到量子电池 B 的约化密度矩阵元素,即

$$
\rho_{ee}^{B}(t) = |h(t)|^2
$$

$$
\rho_{gg}^{B}(t) = 1 - |h(t)|^2
$$

根据式(1.36)~式(1.38),存储能量 $E_B(\tau)$、平均充电功率 $P_B(\tau)$ 和可提取功 $W_B(\tau)$ 分别为

$$E_{\mathrm{B}}(\tau) = \omega_0 \mid h(\tau) \mid^2 \qquad (1.46)$$

$$P_{\mathrm{B}}(\tau) = \omega_0 \mid h(\tau) \mid^2 / \tau \qquad (1.47)$$

$$W_{\mathrm{B}}(\tau) = \omega_0 (2 \mid h(\tau) \mid^2 - 1) \Theta(\mid h(\tau) \mid^2 - 1/2) \qquad (1.48)$$

式中,$\Theta(x-x_0)$ 为 Heaviside 函数,对于 $x < x_0$ 满足 $\Theta(x-x_0)=0$;对于 $x=x_0$ 满足 $\Theta(x-x_0)=1/2$;对于 $x > x_0$ 满足 $\Theta(x-x_0)=1$。

其次,讨论表征热库记忆效应的参数 λ/Ω 和两种模式之间的耦合强度 γ/Ω 对量子电池充电过程的影响。图 1-14 所示为各参数 λ 值下存储能量和平均充电功率的时间演化图(λ 越小表示热库记忆时间越长)。与以往的量子电池在简单的热库环境中充电相比[23],可以发现:热库环境的记忆时间的减少(即 λ 的增加)有利于储存能量和平均充电功率的提高(见图 1-14(a)和图 1-14(b))。实际上,由于充电过程是由热库 R_n 和腔体 m_n 共同决定的,因此仅凭热库的记忆效应不足以影响充电性能。此外,在不同耦合强度 γ/Ω 下,存储能量 $E_{\mathrm{B}}(\tau)$ 和平均充电功率 $P_{\mathrm{B}}(\tau)$ 的时间演化如图 1-15 所示。可见,通过增加两种模式之间的耦合强度,可以提高存储能量和平均充电功率。就可提取功而言,根据式(1.46)和式(1.48),λ/Ω 和 γ/Ω 对储存能量和可提取的功有相似的影响。因此,当量子电池在复合环境中充电时,需要较弱的热库环境记忆效应和较大的环境间耦合强度来激发量子电池的最佳性能。

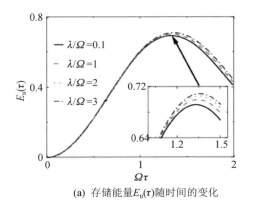

(a) 存储能量$E_{\mathrm{B}}(\tau)$随时间的变化

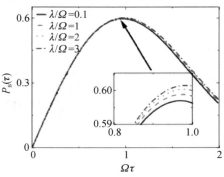

(b) 平均充电功率$P_{\mathrm{B}}(\tau)$随时间的变化

图 1.14　不同 λ/Ω 值下存储能量 $E_{\mathrm{B}}(\tau)$ 和平均充电功率 $P_{\mathrm{B}}(\tau)$ 随时间的变化①

为进一步研究热库环境的记忆效应和两种模式之间的耦合对量子电池充电过程的影响,图 1-16 绘制了最大存储能量 $E_{\max}$ 对 λ/Ω 和 γ/Ω 的依赖关系。可以看出 $E_{\max}$ 随 λ/Ω 的减小而减小,然而 $E_{\max}$ 随两模间耦合强度 γ/Ω 的增加而显著增加。这意味着:在考虑量子电池与充电器的初始分离状态时,需要更短的记忆时间

---

①　参数 $c_1(0)=1, h(0)=0, \gamma/\Omega=1, \kappa/\Omega=0.5, \Gamma/\Omega=1$。

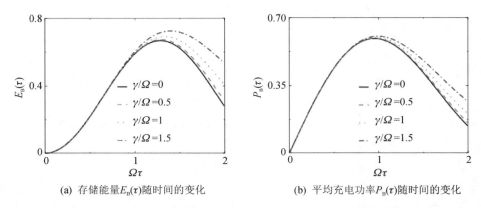

(a) 存储能量 $E_B(\tau)$ 随时间的变化　　　(b) 平均充电功率 $P_B(\tau)$ 随时间的变化

图 1.15　不同 r/Ω 值下存储能量 $E_B(\tau)$ 和平均充电功率 $P_B(\tau)$ 随时间的变化 [①]

和更大的环境部件之间的耦合强度来实现最大的存储能量。需要强调的是，λ/Ω 和 γ/Ω 对量子电池充电过程的影响并不取决于量子电池和充电器的初始状态（即分离或纠缠）。

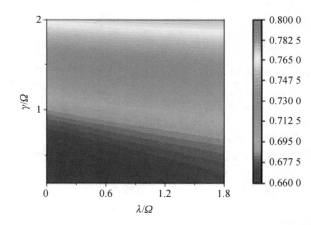

图 1.16　最大储能 E_{max} 随参数 λ/Ω 和腔模 m_1 与腔模 m_2 之间耦合强度 γ/Ω 变化 [②]

现在，人们可能仍然会惊讶于热库环境的记忆效应和两种模式之间的耦合对量子电池的充电性能存在有利和不利的影响。为了解释热库 R_n 较长的记忆时间（即较小的 λ/Ω）以及两种模式之间较小的耦合强度不利于充电过程，因此引入伪模理论[38-41]和子系统之间的能量流动。热库的伪模态 R_n 是根据热库谱分布极点位置引入的辅助变量。系统与热库的相互作用可以用系统与伪模的相互作用来表示，伪模的相互作用消散到 Markov 库，热库的记忆效应包含在系统与伪模的相互作用中。

---

① 参数 $c_1(0)=1, h(0)=0, \lambda/\Omega=0.1, \kappa/\Omega=0.5, \Gamma/\Omega=1$。

② 参数 $c_1(0)=1, h(0)=0, \Gamma/\Omega=1, \kappa/\Omega=0.5$。

然后,通过将目标系统加上伪模作为扩展系统来推导出相应的 Lindblad 主方程。对于目前考虑的具有 Lorentz 谱的量子充电器 C、量子电池 B、腔场 m_n 和热库 R_n(每个热库 R_n 都有一个伪模),该扩展系统(即量子充电器 C、量子电池 B、腔场 m_n 和伪模 l_n)的主方程满足

$$\dot{\rho}(t) = -\mathrm{i}[H_0^1, \rho(t)] - \sum_{n=1}^{2} \frac{\Gamma_n'}{2}[l_n^\dagger l_n \rho(t) - 2l_n \rho(t) l_n^\dagger + \rho(t) l_n^\dagger l_n] \quad (1.49)$$

式中

$$H_0^1 = \omega_0 \sigma_C^+ \sigma_C^- + \omega_0 \sigma_B^+ \sigma_B^- + \sum_{n=1}^{2} \omega_0 a_n^+ a_n + \sum_{n=1}^{2} \omega_0 l_n^+ l_n + \Omega(\sigma_C^+ \sigma_B^- + \sigma_B^+ \sigma_C^-) +$$

$$\sum_{n=1}^{2} \kappa(\sigma_B^+ a_n + \sigma_B^- a_n^+) + \gamma(a_1 a_2^+ + a_2 a_1^+) + \sum_{n=1}^{2} \chi(a_n l_n^+ + a_n^+ l_n) \quad (1.50)$$

$l_n^\dagger(l_n)$ 为第 n 个伪模的产生(湮灭)算符,其与 m_n 的耦合常数为 $\chi = \sqrt{\lambda \Gamma/2}$,$\Gamma_n' = 2\lambda$ 表示第 n 个伪模的衰减率。最后,分别定义 $h(t)$、$c_1(t)$、$c_n(t)(n=2,3)$ 和 $c_m(t)(m=4,5)$ 为量子电池、充电器、两种玻色模式和两种伪模在各自激发态下的概率幅值,根据式(1.49),其概率幅值所满足的微分方程为

$$\begin{cases} \dot{c}_1(t) = -\mathrm{i}\omega_0 c_1(t) - \mathrm{i}\Omega h(t) \\ \dot{h}(t) = -\mathrm{i}\omega_0 h(t) - \mathrm{i}\Omega c_1(t) - \mathrm{i}\kappa c_2(t) - \mathrm{i}\kappa c_3(t) \\ \dot{c}_2(t) = -\mathrm{i}\omega_0 c_2(t) - \mathrm{i}\kappa h(t) - \mathrm{i}\chi c_4(t) - \mathrm{i}\gamma c_3(t) \\ \dot{c}_3(t) = -\mathrm{i}\omega_0 c_3(t) - \mathrm{i}\kappa h(t) - \mathrm{i}\chi c_5(t) - \mathrm{i}\gamma c_2(t) \\ \dot{c}_4(t) = (-\mathrm{i}\omega_0 - \Gamma_1'/2)c_4(t) - \mathrm{i}\chi c_2(t) \\ \dot{c}_5(t) = (-\mathrm{i}\omega_0 - \Gamma_2'/2)c_5(t) - \mathrm{i}\chi c_3(t) \end{cases} \quad (1.51)$$

上述微分方程可以用标准 Laplace 变换和数值模拟相结合的方法求解。

为了见证量子电池与子系统之间的能量流动,可定义目击 $M(\tau)$ 为

$$M(\tau) \equiv \frac{\mathrm{d}\sum_{n=1}^{5}|c_n(\tau)|^2}{\mathrm{d}\tau} + \Gamma_1'|c_4(\tau)|^2 + \Gamma_2'|c_5(\tau)|^2 \quad (1.52)$$

如果除电池外的所有子系统的布居数下降,并且这种下降不能补偿其对 Markov 库的耗散,则会出现 $M(\tau)<0$,这意味着能量从子系统流向量子电池;反之,当 $M(\tau)>0$ 时,量子电池的能量会耗散到子系统中,导致充电过程不佳。为了阐明热库环境的记忆效应和两种模式之间的耦合强度对充电性能的影响,图 1-17(a)和图 1-17(b)分别给出了不同 λ/Ω 和 γ/Ω 下目击 $M(\tau)$ 作为 $\Omega\tau$ 函数的变化情况。在每种情况下,$M(\tau)$ 都会改变符号(即从负变为正),这意味着能量流方向的转变(即从电池内向电池外)。可以看出:较小的 λ/Ω 或较小的 γ/Ω 将导致较早的过渡时刻,这表明从子系统到电池的能量流动时间较短。这种较短的能量流向电池的时间应是记忆效

应或两种模式之间较小的耦合强度对充电过程不利的主要原因。

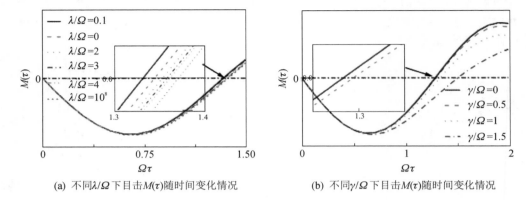

(a) 不同 λ/Ω 下目击 $M(\tau)$ 随时间变化情况   (b) 不同 γ/Ω 下目击 $M(\tau)$ 随时间变化情况

图 1.17　目击 $M(\tau)$ 随时间的变化情况①

1.3.3　量子电池的自放电过程

要实现量子电池的优异性能，除了充电性能外，还应考虑充电后长时间储存能量的能力。在现实中，由于环境的影响，量子电池的能量耗散到环境中的自放电过程是有害的，但也是不可避免的。因此，如何抑制量子电池的自放电过程并长时间保持能量是必须考虑的问题。本节研究如何利用热库环境的记忆效应，调节复合环境之间的耦合强度来抑制量子电池的自放电过程。

在图 1-13 中采用极限 $\Omega\to0$，将量子电池设置为状态 $|e\rangle_B$，将空腔模式和热库环境设置为真空状态（即 $|00\rangle_{m_1m_2}\overline{|00\rangle}_{R_1R_2}$），对该自放电过程中的系统进行建模，则系统在任意时刻的演化状态为

$$|\psi(t)\rangle = u_1(t)\,|e\rangle_B\,|00\rangle_{m_1m_2}\,\overline{|00\rangle}_{R_1R_2} + u_2(t)\,|g\rangle_B\,|10\rangle_{m_1m_2}\,\overline{|00\rangle}_{R_1R_2} +$$

$$u_3(t)\,|g\rangle_B\,|01\rangle_{m_1m_2}\,\overline{|00\rangle}_{R_1R_2} + u_{1,k}(t)\,|g\rangle_B\,|00\rangle_{m_1m_2}\,|1_k\rangle_{R_1}\,\overline{|0\rangle}_{R_2} +$$

$$u_{2,k}(t)\,|g\rangle_B\,|00\rangle_{m_1m_2}\,\overline{|0\rangle}_{R_1}\,|1_k\rangle_{R_2} \tag{1.53}$$

式中，$\overline{|0\rangle}_{R_n}$ 和 $|1_k\rangle_{R_n}$ 的定义与式（1.43）中相同。采用与求解量子电池充电过程相同的步骤，可以得到量子电池的约化密度矩阵元素，即

$$\rho_B(t) = |u_1(t)|^2\,|e\rangle\langle e|_B + [1 - |u_1(t)|^2]\,|g\rangle\langle g|_B \tag{1.54}$$

结合式（1.46）和式（1.48），所储存的能量和可提取功可表示为

$$E_B(\tau) = \omega_0\,|u_1(\tau)|^2 \tag{1.55}$$

① 图 1-17(a)参数：$c_1(0)=1,h(0)=0,\gamma/\Omega=\Gamma/\Omega=1,\kappa/\Omega=0.5$；图 1-17(b)参数：$c_1(0)=1,h(0)=0,\lambda/\Omega=0.1,\Gamma/\Omega=1,\kappa/\Omega=0.5$。

$$W_B(\tau) = \omega_0 (2|u_1(\tau)|^2 - 1)\Theta(|u_1(\tau)|^2 - 1/2) \tag{1.56}$$

可以使用最小存储能量 E_{min}、最小可提取功 W_{min}（即式(1.41)）来研究量子电池在复合环境下长时间存储能量所需的条件。

下面讨论热库环境的记忆效应和两个耦合单模腔之间的耦合强度对最小存储能量 E_{min} 和最小可提取功 W_{min} 的影响。由图 1-18 可知，对于量子电池的存储能量，随着热库环境记忆时间和两种模式之间耦合强度的增大，最小储能 E_{min} 可以保持在更高的值。这意味着更长的热库环境记忆时间和更大的环境间耦合强度 γ/Γ 将有效抑制量子电池的自放电过程，从而实现长时间保存能量的目的。对于量子电池的可提取功，最小可提取功 E_{min} 随 λ/Γ 和 γ/Γ 的变化如图 1-19 所示。与最小存储能量的情况类似，为了提高量子电池的最小可提取功，则要求增大热库环境记忆时间和两种模式的耦合之间的耦合强度。因此，与获得最佳的量子电池充电过程不同，需要更长的热库环境记忆时间和更大的双模耦合强度来抑制自放电过程。

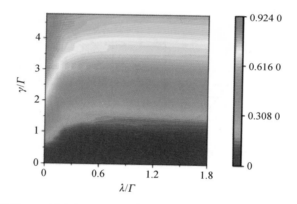

图 1.18 最小储能 E_{min} 随参数 λ/Γ 和腔模 m_1 与腔模 m_2 之间耦合强度 γ/Γ 的变化[1]

为了清楚地解释为什么更长的热库环境记忆时间和更大的双模耦合强度有利于抑制量子电池的自放电过程，可以通过考虑式(1.24)中的自放电条件（即 $\Omega = 0$），将不同 λ/Γ 或 γ/Γ 值下的目击 $M(\tau)$ 绘制为无量纲 $\Gamma\tau$ 的函数。如图 1-20(a) 和图 1-20(b) 所示，通过固定 λ/Γ 或 γ/Γ 的值，目击 $M(\tau)$ 会随着 $\Gamma\tau$ 的增大由正值变为负值，这意味着信息在一定的跃迁时间内从腔模回流到量子电池。需要注意的是，较小的 λ/Γ 或较大的 γ/Γ 会导致更早的转变时刻，意味着能量从腔模流向量子电池的时间更早。热库环境记忆效应或两种模式之间的耦合强度有利于抵抗自放电过程的主要原因是能量较早地从腔模流向量子电池。

---

[1]　参数：$\kappa/\Gamma = 0.5$。

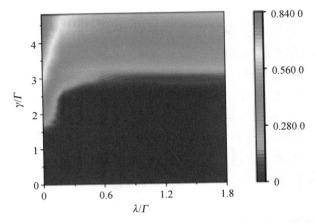

图 1.19 最小可提取功 $W_{\min}$ 随参数 λ/Γ 和腔模 m_1 与腔模 m_2 之间耦合强度 γ/Γ 的变化[①]

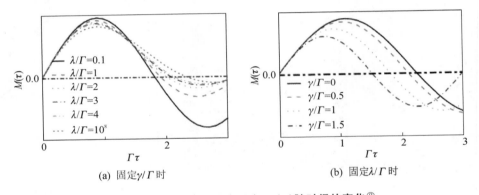

(a) 固定 γ/Γ 时   (b) 固定 λ/Γ 时

图 1.20 自放电过程中目击 $M(\tau)$ 随时间的变化[②]

本章小结

    本章分别从弱耦合机制和强耦合机制下研究了两能级系统在共同环境和独立环境两种热库环境的数量和电池-环境耦合强度、充电器-环境耦合强度对量子电池充电性能的影响,研究结果表明:电池-环境耦合、充电器-环境耦合和热库环境数量可以作为实现最优量子电池的强大有效工具。此外本章又进一步探讨了复合环境下热库的记忆效应和环境部分之间的耦合对量子电池性能的影响。

---

① 参数:$\kappa/\Gamma=0.5$。
② 图 1-20(a)参数:$\gamma/\Gamma=1$,$\kappa/\Gamma=0.5$;图 1-20(b)参数:$\lambda/\Gamma=0.1$,$\kappa/\Gamma=0.5$。

参考文献

［1］Alicki R，Fannes M. Entanglement boost for extractable work from ensembles of quantum batteries［J］. Physical Review E Statistical Nonlinear & Soft Matter Physics，2013，87(4):042123.

［2］Ferraro D，Campisi M，Andolina G M，et al. High-Power Collective Charging of a Solid-State Quantum Battery［J］. Physical Review Letters，2018，120 (11):117702.

［3］Santos A C，Akmak B，Campbell S，et al. Stable adiabatic quantum batteries ［J］. PHYSICAL REVIEW E，2019，100(3):032107.

［4］Le T P，Levinsen J，Modi K，et al. Spin-chain model of a many-body quantum battery［J］. Physical Review A，2018，97(2):022106.

［5］Andolina G M，Farina D，Mari A，et al. Charger-mediated energy transfer in exactly-solvable models for quantum batteries［J］. Physical Review B，2018，98(20):205423.

［6］Scopa S，Landi G T，Karevski D. Lindblad-Floquet description of finite-time quantum heat engines［J］. Physical Review A，2018，97(6):062121.

［7］Uzdin R，Levy A，Kosloff R. Equivalence of Quantum Heat Machines, and Quantum-Thermodynamic Signatures ［J］. Physical Review X，2015，5 (3):031044.

［8］Klatzow J，Becker J N，Ledingham P M，et al. Experimental Demonstration of Quantum Effects in the Operation of Microscopic Heat Engines［J］. Physical Review Letters，2019，122(11):110601.

［9］Ferraro D，Campisi M，Andolina G M，et al. High-Power Collective Charging of a Solid-State Quantum Battery［J］. Physical Review Letters，2018，120 (11):117702.

［10］Crescente A，Carrega M，Sassetti M，et al. Ultrafast charging in a two-photon Dicke quantum battery［J］. Phys. Rev. B，2020，102:245407.

［11］Zhang Y Y，Yang T R，Fu L，et al. Powerful harmonic charging in a quantum battery［J］. Phys. Rev. E，2019，99:052106.

［12］Breuer H P，Petruccione F. Theory of Open Quantum Systems［M］. New

York：Oxford University Press，2002.

[13] Breuer H P, Laine E M, Piilo J. Measure for the Degree of Non-Markovian Behavior of Quantum Processes in Open Systems[J]. Phys. Rev. Lett.，2009，103:210401.

[14] Franco R L, Bellomo B, Maniscalco S,et al. Dynamics of quantum correlations in two-qubit systems within non-Markovian environments[J]. International Journal of Modern Physics B, 2013, 27(1-3):1345053.

[15] Vega I D, Alonso D. Dynamics of non-Markovian open quantum system[J]. Reviews of Modern Physics，2017，89:015001.

[16] Breuer H P, Laine E M, Piilo J, et al. Non-Markovian dynamics in open quantum systems[J]. Rev. Mod. Phys.，2016，88:021002.

[17] Seah S, Perarnau-Llobet M, Haack G,et al. Quantum Speed-Up in Collision-al Battery Charging[J]. Phys. Rev. Lett.，2021，127:100601.

[18] Rosa D, Rossini D, Andolina G M, et al. Ultra-stable charging of fast-scrambling SYK quantum batteries[J]. Journal of High Energy Physics，2020，2020(11):067.

[19] Ghosh S, Chanda T, De A S. Enhancement in performance of quantum battery by ordered and disordered interactions [J]. Phys. Rev. A，2020，101:032115.

[20] Kamin F H, Tabesh F T, Salimi S, et al. Non-Markovian effects on charging and self-discharging process of quantum batteries[J]. New Journal of Physics，2020，22(8):083007.

[21] Quach J Q, Munro W J. Using dark states to charge and stabilise open quantum batteries[J]. Physical Review Applied，2020，14(2):024092.

[22] Tabesh F T, Kamin F H, Salimi S. Environment-mediated charging process of quantum batteries[J]. Phys. Rev. A，2020，102:052223.

[23] Kamin F H, Tabesh F T, Salimi S, et al. Non-Markovian effects on charging and self-discharging process of quantum batteries[J]. New Journal of Physics，2020，22(8):083007.

[24] Hanson R, Kouwenhoven L P, Petta J R, et al. Spins in few-electron quantum dots[J]. Review of Modern Physics，2006，79(4):1217-1265.

[25] Chekhovich E A, Makhonin M N, Tartakovskii A I, et al. Nuclear spin effects in semiconductor quantum dots[J]. Nature Materials，2013，12(6):

494-504.

[26] Hanson R, Dobrovitski V V, Feiguin A E, et al. Coherent dynamics of a single spin interacting with an adjustable spin bath[J]. Science, 2008, 320 (5874):352-355.

[27] Yao Y, Shao X Q. Stable charging of a Rydberg quantum battery in an open system[J]. Phys. Rev. E, 2021, 104:044116.

[28] Santos A C. Quantum advantage of two-level batteries in the self-discharging process[J]. Phys. Rev. E, 2021, 103:042118.

[29] Arjmandi M B, Mohammadi H, Santos A C. Enhancing self-discharging process with disordered quantum batteries [J]. Phys. Rev. E, 2022, 105:054115.

[30] Gherardini S, Campaioli F, Caruso F, et al. Stabilizing open quantum batteries by sequential measurements[J]. Phys. Rev. Research, 2020, 2:013095.

[31] Santos A C, Akmak B, Campbell S, et al. Stable adiabatic quantum batteries [J]. Phys. Rev. E, 2019, 100(3):032107.

[32] Bai S Y, An J H. Floquet Engineering to Reactivate A Dissipative Quantum Battery[J]. Phys. Rev. A, 2020, 102:060201.

[33] Romach Y, Müller C, Unden T, et al. Spectroscopy of Surface-Induced Noise Using Shallow Spins in Diamond[J]. Phys. Rev. Lett. , 2015,114:017601.

[34] Xia K Y, Twamley J. All-Optical Switching and Router via the Direct Quantum Control of Coupling between Cavity Modes[J]. Phys. Rev. X, 2013, 3: 031013.

[35] Liu B H, Li L, Huang Y F, et al. Experimental control of the transition from Markovian to non-Markovian dynamics of open quantum systems[J]. Nature Physics, 2011, 7(12):931-934.

[36] Xu K, Li H G, Li Z G, et al. Charging performance of quantum batteries in a double-layer environment[J]. Phys. Rev. A, 2022, 106:012425.

[37] Farina D, Andolina G M, Mari A, et al. Charger-mediated energy transfer for quantum batteries: an open system approach [J]. Phys. Rev. B, 2019, 99:035421.

[38] Garraway B M. Decay of an atom coupled strongly to a reservoir[J]. Phys. Rev. A, 1997, 55:4636.

[39] Garraway B M. Nonperturbative decay of an atomic system in a cavity[J].

Phys. Rev. A，1997，55:2290.

[40] Dalton B J，Barnett S M，Garraway B M. Theory of pseudomodes in quantum optical processes[J]. Phys. Rev. A，2001，64:053813.

[41] Pleasance G，Garraway B M，Petruccione F. Generalized theory of pseudomodes for exact descriptions of non-Markovian quantum processes[J]. Phys. Rev. Research，2020，2:043058.

第 2 章　量子不确定关系及其在纠缠探测中的应用

本章概述量子不确定关系及其应用研究的新进展。量子不确定关系是量子力学与经典力学最本质的区别,表明即使人们掌握了量子态的全部信息,也不能同时精确预测两个不对易的可观测量的测量结果。首先,介绍量子不确定关系的基本意义。其次,通过引入辅助算符的概念构造了一个统一的量子不确定关系理论体系,该体系不仅能够覆盖之前各式各样的不确定关系,也可以用来构造更强不确定关系来解决之前不确定关系的缺陷。再次,又构造了一个基于方差的多体条件不确定关系,成功地解决了多体不确定关系的构造难题。新的多体条件方差不确定关系表明:在量子控制和多体量子纠缠的帮助下,可以突破传统不确定关系的下限。最后,基于新的多体条件方差不确定关系,构造了一个多体纠缠结构解析器,它可以有效地解决多粒子高维的多体纠缠结构判断问题。

2.1　量子不确定关系概述

量子不确定关系是量子力学和经典力学最本质的区别,对不确定关系的研究能够帮助人们更好地认知量子力学。最初版本的量子不确定关系是由 Heisenberg 于1927 年推导出来的位置-动量不确定关系。该不确定关系可以由如下实验解释:

① 制备一个包含多个粒子的粒子系综,在该系综中每个粒子所处的量子态都相同。需要说明的是,粒子所处量子态是实验者制备的,意味着实验者是完全掌握量子态信息的。

② 对这些具有相同量子态的粒子进行位置 Q 测量或者动量 P 测量。

③ 记录测量结果,并按照所进行的位置或动量测量,将测量结果分为两组。

④ 对于位置 Q 测量来说,其测量结果是不确定的,可以根据记录计算出对应测量结果的方差 ΔQ^2。类似地,也可以计算得到 ΔP^2。ΔQ^2 和 ΔP^2 应遵守位置-动量不确定关系[1,2]为

$$\Delta P^2 \Delta Q^2 \geqslant \left(\frac{\hbar}{2}\right)^2 \tag{2.1}$$

式中，$\hbar$ 为约化 Planck 常数。位置–动量不确定关系表明：即使掌握了量子态的全部信息，也不可能同时精确预测位置测量和动量测量的结果。

在此之后，Robertson 和 Schrödinger 将位置–动量不确定关系推广到任意可观测量[3,4]，构造出了适用于任意非对易可观测量的不确定关系。量子不确定关系可以由如下不确定关系游戏来描述[5-7]。游戏的参与者有 Alice 和 Bob 两个人，首先，Bob 制备出量子态 ρ，并将这个态发送给 Alice；其次，Alice 在两个不对易的可观测量 A 和 B 中选择一个测量，并将她选择的测量告诉 Bob；最后，Alice 对量子态 ρ 进行测量，并由 Bob 来猜测 Alice 的测量结果。对 Bob 来说，如果 Alice 选择的测量是 A，对应测量结果的不确定度即为可观测量 A 的不确定度；反之，如果 Alice 选择的测量是 B，那么对应结果的不确定度即为可观测量 B 的不确定度。不确定关系所表达的本质就是这两个非对易可观测量对应的不确定度不能同时很小，也就是说两个非对易可观测量不能被同时精确预测。

另外，从这个不确定关系游戏中可以看出，Alice 每次只选择一次测量，所以在游戏中并不存在对一个粒子进行两次测量。整个量子态都是 Bob 制备的，因此 Bob 掌握整个量子态的信息。也就是说，在量子力学中即使掌握了系统量子态的全部信息，测量结果依然是不确定的，因此量子不确定关系是量子力学的内在属性。

除了量子不确定关系之外，还存在噪声–扰动不确定原理。噪声–扰动不确定原理研究的是测量噪声和测量对其非对易可观测量带来扰动之间的关系[8]。当人们对系统的某个可观测量进行测量时，测量会对系统带来扰动，这个扰动必然会体现在其非对易可观测量对应的测量结果上。噪声–扰动不确定关系表明：如果噪声小则扰动大；反之，如果扰动小则噪声大。可以看出，噪声–扰动不确定关系研究的是在一个量子系统上一个测量对其非对易量的影响，并不会涉及多个量子系统，其实噪声–扰动不确定关系本质上可以理解为不能对一个量子系统进行两个非对易可观测量的联合测量。而通过上述介绍可以看出，量子不确定关系并不涉及一个测量量对另外一个测量量的影响，也不涉及对一个量子系统进行联合测量，其本质上可以理解为非对易可观测量没有共同本征态[6]。因此，量子不确定关系和噪声–扰动不确定关系是两个不同的概念，本章重点介绍的是量子不确定关系。

2.2　量子不确定关系的统一

测量结果的不确定度可以分别用方差和熵度量，因此量子不确定关系可以分为基于方差的不确定关系和基于熵的不确定关系，本节重点介绍基于方差的不确定关系。

2.2.1 基于方差乘积形式的不确定关系

基于方差乘积形式的不确定关系,顾名思义,就是利用方差的乘积来量化量子不确定关系,如位置-动量不确定关系。1929 年,Robertson 将位置-动量不确定关系推广至任意非对易可观测量[3],即 Robertson 不确定关系(简称为 RUR)

$$\Delta \hat{A}^2 \Delta \hat{B}^2 \geqslant \frac{1}{4} \mid \langle \phi \mid [\hat{A}, \hat{B}] \mid \phi \rangle \mid^2 \tag{2.2}$$

式中,$|\phi\rangle$ 表示系统所处的量子态。该不确定关系表明:当可观测量 $\hat{A}$ 和可观测量 $\hat{B}$ 彼此不对易时,它们测量结果的方差的乘积将会有一个非负的下限 $\mid \langle \phi \mid [\hat{A}, \hat{B}] \mid \phi \rangle \mid^2 / 4$。这个下限的存在就意味着测量 $\hat{A}$ 结果的不确定度 $\Delta \hat{A}^2$ 和测量 $\hat{B}$ 结果的不确定度 $\Delta \hat{B}^2$ 不能同时很小。当可观测量 $\hat{A}$ 测量结果的不确定度很小时,可观测量 $\hat{B}$ 测量结果的不确定就会变得非常大,也就是说不能制备出一个量子态,在这个量子态中不对易可观测量 $\hat{A}$ 和 $\hat{B}$ 的结果能够被同时精确地预测。

随后,Schrödinger 在 RUR 的基础上构造了一个加强型的不确定关系,即 Schrödinger 不确定关系(简称为 SUR)[4]

$$\Delta \hat{A}^2 \Delta \hat{B}^2 \geqslant \left| \frac{1}{2i} \langle [\hat{A}, \hat{B}] \rangle \right|^2 + \left| \frac{\langle \{\breve{A}, \breve{B}\} \rangle}{2} \right|^2 \tag{2.3}$$

式中,$\breve{O} = \hat{O} - \langle \hat{O} \rangle I$,$\langle \hat{O} \rangle$ 表示在系统所处的量子态下算符 $\hat{O}$ 的平均值,I 表示单位算符,$\{\breve{A}, \breve{B}\} = \breve{A}\breve{B} + \breve{B}\breve{A}$ 为反对易关系。

从上述介绍的两个不确定关系可以看出,不确定关系的下限实际上是两个非对易量 $\hat{A}$ 和 $\hat{B}$ 测量结果方差乘积的下限。在很多情况下,如在压缩态的定义中,都希望这个下限非常接近于不确定关系的左侧,因为这样的下限可以更加准确地描述出不确定关系的左侧,即两个非对易量对应方差的乘积。因此,当不确定关系的左侧确定时,希望下限越大越好,通常称大的下限比小的下限紧性更好[9]。对比 RUR 与 SUR,可以看出,由于 SUR 中非负余项 $\left| \frac{\langle \{\breve{A}, \breve{B}\} \rangle}{2} \right|^2$ 的存在,可认为 SUR 的紧性更好,这也是 SUR 的优势所在。

为了构造紧性更好的不确定关系,Maccone 和 Pati 在 RUR 的基础上构造了如下乘积形式的不确定关系[6]

$$\Delta A \Delta B \geqslant \frac{\pm \frac{i}{2} \langle [A, B] \rangle}{\left(1 - \frac{1}{2} \left| \left\langle \varphi \left| \frac{A}{\Delta A} \pm i \frac{B}{\Delta B} \right| \varphi^\perp \right\rangle \right|^2 \right)} \tag{2.4}$$

式中,$|\varphi\rangle$ 表示系统所处的量子态,$|\varphi^{\perp}\rangle$ 表示垂直于 $|\varphi\rangle$ 的量子态。从式(2.4)可以看出,当右侧的分母等于 1 时,该不确定关系就退化成 RUR。因为 $\frac{1}{2}\left|\left\langle\varphi\left|\frac{A}{\Delta A}\pm \mathrm{i}\frac{B}{\Delta B}\right|\varphi^{\perp}\right\rangle\right|^{2}$ 为非负项,所以式(2.4)右侧的分母恒小于等于 1,这就说明该不确定关系的下限更大,即该不确定关系的紧性优于 RUR。

如上文所述,紧性更好的不确定关系本质上就是不确定关系不等式的右侧更接近于不确定关系的左侧,因此人们自然就会想到能不能构造一种新的不确定关系,使不确定关系的右侧和左侧完全相等,从而使不确定关系的紧性达到最优。基于此想法,Yao 等人在不确定关系(2.4)的基础上构造了如下不确定关系式[9]

$$\Delta A\Delta B\geqslant \frac{\pm \dfrac{\mathrm{i}}{2}\langle[A,B]\rangle}{\left(1-\dfrac{1}{2}\displaystyle\sum_{k=1}^{d-1}\left|\left\langle\varphi\left|\dfrac{A}{\Delta A}\pm \mathrm{i}\dfrac{B}{\Delta B}\right|\varphi_{k}^{\perp}\right\rangle\right|^{2}\right)} \tag{2.5}$$

式中,d 表示量子态所在的 Hilbert 空间的维度,$\{|\varphi\rangle,|\varphi_{1}^{\perp}\rangle,|\varphi_{2}^{\perp}\rangle,\ldots,|\varphi_{d-1}^{\perp}\rangle\}$ 为组成该 Hilbert 空间的一组基矢。

从上面的介绍中可以看出,早期版本的不确定关系都是基于乘积形式的。这些不确定关系的构造虽然颠覆了对经典世界的认知,也极大地促进了量子信息科学的发展,但是乘积形式的不确定关系依然存在一些缺陷。如前文所介绍的那样,不确定关系的本质可以解释为:在任意量子态中不对易的两个可观测量都不能同时被精确地预测。而上面介绍的乘积形式的不确定关系并不能完全地表达出这一本质。因为在一些特殊的情况下,即使两个可观测量彼此不对易,而它们所对应的下限也可能为 0,这显然是不符合不确定关系所描述的物理本质[6]。对于两个不对易的可观测量来说,等于 0 的下限是无法描述它们之间的不确定关系的,因此把这种"等于 0 的下限"称为"平庸下限",把不确定关系的这种缺陷称为乘积形式不确定关系的"平庸问题"。

乘积形式的不确定关系出现"平庸问题"原因是用方差乘积的形式 $\Delta\hat{A}^{2}\Delta\hat{B}^{2}$ 来表征不确定关系。在有限维系统中,即使可观测量 $\hat{A}$ 与可观测量 $\hat{B}$ 彼此不对易,当系统处于其中一个可观测量的本征态的时候,不失一般性,假设系统处于 $\hat{A}$ 的本征态,就可以得到 $\Delta\hat{A}^{2}=0$。显然,此时会有 $L_{\mathrm{P}}=\Delta\hat{A}^{2}\Delta\hat{B}^{2}=0$,$L_{\mathrm{P}}$ 表示任意乘积形式不确定关系的下限,即乘积形式的不确定关系下限等于零。也就是说,任意乘积形式不确定关系在有限维系统中都会遇到"平庸问题"。从上面的讨论可以看出,"平庸问题"是乘积形式不确定关系所固有的缺陷,因此想要解决乘积形式不确定关系的缺陷,必须要构造新型的不确定关系。

2.2.2 基于方差和形式的不确定关系

为了解决乘积形式不确定关系中出现的"平庸问题",Maccone 和 Pati 构造了基于方差和的不确定关系,并说明了所构造的不确定关系可以解决乘积形式不确定关系中所出现的"平庸问题"[6]。新构造的基于方差和形式的不确定关系为[6]

$$\Delta \hat{A}^2 + \Delta \hat{B}^2 = \pm i \langle [\hat{A}, \hat{B}] \rangle + | \langle \psi | \hat{A} \pm i\hat{B} | \psi^{\perp} \rangle |^2 \tag{2.6}$$

Maccone 和 Pati 指出,当系统所处的量子态 $|\psi\rangle$ 确定的情况下,只要其正交态 $|\psi^{\perp}\rangle$ 不满足条件 $\langle \psi | \psi^{\perp} \rangle = \langle \psi | \hat{A} \pm i\hat{B} | \psi^{\perp} \rangle = 0$,则不确定关系(2.6)的下限在 $\hat{A}$ 和 $\hat{B}$ 彼此不对易时就不会等于 0。因此,方差和形式的不确定关系(2.6)能够解决方差乘积形式不确定关系中出现的"平庸问题",该不确定关系也被称为更强的不确定关系,为了后文叙述方便,将 Maccone 和 Pati 构造的不确定关系(2.6)简称为 MPUR。

随着 MPUR 表明方差乘积形式不确定关系的"平庸问题"可以被方差和形式的不确定关系所解决,人们对方差不确定关系的研究便由最初方差乘积形式的不确定关系转到方差和形式的不确定关系[10-12]。为了构造紧性更好的不确定关系,Yao 在 MPUR 基础上构造了如下基于方差和的不确定关系等式[9]

$$\Delta \hat{A}^2 + \Delta \hat{B}^2 = \pm i \langle [\hat{A}, \hat{B}] \rangle + \sum_{k=1}^{d-1} | \langle \psi | \hat{A} \pm i\hat{B} | \psi_k^{\perp} \rangle |^2 \tag{2.7}$$

式中,$|\psi\rangle$ 表示系统所处的量子态,d 表示量子态所在的 Hilbert 空间的维度,$\{|\psi\rangle$,$|\psi_1^{\perp}\rangle, |\psi_2^{\perp}\rangle, \ldots, |\psi_{d-1}^{\perp}\rangle\}$ 为组成该 Hilbert 空间的一组基矢。这里需要说明的是,因为 $\{|\psi_1^{\perp}\rangle, |\psi_2^{\perp}\rangle, \ldots, |\psi_{d-1}^{\perp}\rangle\}$ 的引入,不确定关系(2.7)很难扩展至量子混态。

通过上面的介绍可以看出,MPUR 和不确定关系(2.7)虽然能够解决方差乘积形式不确定关系的"平庸问题",但是其在表达式上都依赖于系统所处量子态的正交态。对于低维量子系统来说,正交态 $|\psi^{\perp}\rangle$ 可以被很容易的找到,但是对于高维量子系统来说这几乎是不可能完成的任务[13]。也就是说,方差和形式的不确定关系也存在缺陷,即很难扩展到高维量子系统。

上述介绍的不确定关系都是针对两个非对易可观测量的不确定关系,当涉及 3 个或是多个不对易可观测量时,这些不确定关系就失效了。实际上,除了两个可观测量的不确定关系,还存在多个可观测量不确定关系[10,14,15],如 Chen 构造了如下适用于 N 个非对易可观测量的不确定关系[10]

$$\sum_{i=1}^{N} \Delta A_i^2 \geqslant \frac{1}{N-2} \left\{ \sum_{1 \leqslant i < j \leqslant N} \Delta (A_i + A_j)^2 - \frac{1}{(N-1)^2} \left[\sum_{1 \leqslant i < j \leqslant N} \Delta (A_i + A_j) \right]^2 \right\}$$

$$\tag{2.8}$$

式中,$A_1, A_2, \cdots, A_N$ 表示 N 个非对易可观测量。对于多个可观测量的不确定关系,可参考相关文献,本书不作过多介绍。

2.2.3　统一精确的不确定关系理论框架

前两个小节介绍了方差乘积形式的不确定关系与方差和形式的不确定关系,方差乘积形式的不确定关系通常存在"平庸下限"的问题,而这个缺陷可以被方差和形式的不确定关系所解决。但是,也发现大部分方差和的不确定关系都依赖于系统所处量子态的正交态,很难扩展到高维量子系统。根据所涉及可观测量的数目,不确定关系又可以分为两个可观测量的不确定关系和多个可观测量的不确定关系。此外,这些不确定关系还分为不确定关系不等式和不确定关系等式。基于前文关于各种类型不确定关系的介绍,可以总结出以下信息:

① 随着不确定关系研究的发展,已经构造出了各种类型的不确定关系。

② 各种类型的不确定关系都存在或多或少的缺陷,这些缺陷至今也没有被完全解决。

③ 人们对不确定关系研究的出发点都是为了构造出更好的不确定关系,因此对不确定关系的研究都是孤立的,很少研究各种现存不确定关系的之间的联系。

基于上面总结出来的3点信息,不禁会提出一个问题,即是否存在一个统一的理论体系,不仅可以覆盖之前各种类型的不确定关系,还能够解决现存不确定关系中的缺陷问题。下面将介绍构造的是一种统一的不确定关系理论体系[16]。

为了构造这样一个统一的理论体系,首先,构造一个基于二阶原点矩的等式,利用该等式引入"辅助算符"的概念,并说明辅助算符的引入可以使不确定关系得到更加精确地表达。其次,利用这个基于二阶原点矩的等式,在数学上构造了几个不等价的不确定关系类,每一个不确定关系类中包含很多方差乘积形式的不确定关系和很多方差和形式的不确定关系,其中,有两个可观测量的不确定关系,也有多个可观测量的不确定关系,有已经存在的非常著名的不确定关系,也有一些新的不确定关系。从物理的角度来说,这些处于不同不确定关系类的各种类型的不确定关系都可以通过引入辅助算符得到,其之所以处于不同的类,本质上是因为在构造它们时所引入的辅助算符的个数不同。也就是说,这些各种类型的不确定关系可以统一地由辅助算符来推导、描述和分类。因此,可以构造的一个统一的不确定关系的理论体系如图2-1所示。此外,还可以推导出,当引入适当数目的辅助算符之后,不确定关系就会由不等式变成等式,也就是说,这个统一的不确定关系理论体系可以用来精确地表达不确定关系。

如上所述,整个统一的不确定关系理论体系在数学上都是在一个基于二阶原点矩等式的基础上构造的,利用这个等式可以推导出整个理论体系中的所有不确定关系,因此称这个等式为统一的不确定关系。统一的不确定关系表达式为[16]

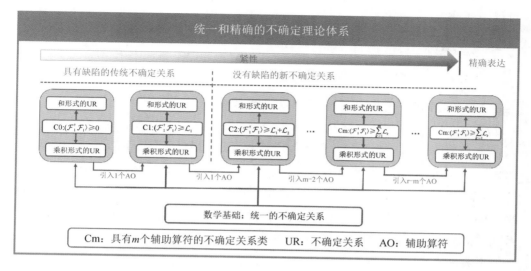

图 2.1　统一的不确定关系理论框架

$$\langle \mathcal{A}^\dagger \mathcal{A}\rangle \langle \mathcal{B}^\dagger \mathcal{B}\rangle = \frac{1}{4}\mid i\langle [\mathcal{A},\mathcal{B}]_{\mathrm{GC}}\rangle\mid^2 + \frac{1}{4}\mid \langle \{\mathcal{A},\mathcal{B}\}_{\mathrm{GC}}\rangle\mid^2 + \langle \mathcal{B}^\dagger \mathcal{B}\rangle\langle \mathcal{C}^\dagger \mathcal{C}\rangle$$

$$(2.9)$$

式中，$\mathcal{A}$ 和 $\mathcal{B}$ 表示两个任意的算符，余项 $\langle \mathcal{B}^\dagger \mathcal{B}\rangle\langle \mathcal{C}^\dagger \mathcal{C}\rangle \geqslant 0$，$\mathcal{C} = \mathcal{A} - \mathcal{B}^\dagger\langle \mathcal{A}\mathcal{B}\rangle/\langle \mathcal{B}^\dagger \mathcal{B}\rangle$，$\langle \mathcal{Q}^\dagger \mathcal{Q}\rangle$ 表示算符 $\mathcal{Q}$ 的二阶原点矩。$[\mathcal{A},\mathcal{B}]_{\mathrm{GC}}$ 和 $\{\mathcal{A},\mathcal{B}\}_{\mathrm{GC}}$ 分别为对易子和反对易子的非厄米扩展，因此被分别称为广义对易子和广义反对易子，对应的定义式为[16]

$$\begin{cases} [\mathcal{A},\mathcal{B}]_{\mathrm{GC}} = \mathcal{A}^\dagger \mathcal{B} - \mathcal{B}^\dagger \mathcal{A} \\ \{\mathcal{A},\mathcal{B}\}_{\mathrm{GC}} = \mathcal{A}^\dagger \mathcal{B} + \mathcal{B}^\dagger \mathcal{A} \end{cases}$$

$$(2.10)$$

从上面的定义式可以看出，当 $\mathcal{A}$ 和 $\mathcal{B}$ 都是厄米算符的时候，广义对易子和广义反对易子将会退化成传统的对易子和反对易子。类似于对易子和反对易子，当 $[\mathcal{A},\mathcal{B}]_{\mathrm{GC}} \neq 0$，称 $\mathcal{A}$ 和 $\mathcal{B}$ 是广义不对易的；当 $\{\mathcal{A},\mathcal{B}\}_{\mathrm{GC}} \neq 0$ 时，称 $\mathcal{A}$ 和 $\mathcal{B}$ 是广义反不对易的。统一的不确定关系(2.9)可以解释为：当算符 $\mathcal{A}$ 和 $\mathcal{B}$ 广义不对易或广义反不对易时，它们的二阶矩不能同时很小。

　　下面将给出上述不确定关系的证明。对于任意两个算符 $\mathcal{A}$ 和 $\mathcal{B}$，很容易推导出关于算符的双线性函数 $\langle \mathcal{A}^\dagger \mathcal{B}\rangle$ 满足

$$\langle \mathcal{A}^\dagger \mathcal{B}\rangle = \langle \mathcal{B}^\dagger \mathcal{A}\rangle^*$$

$$(2.11)$$

其中，算符 $\mathcal{A}$ 可以分解为

$$\mathcal{A} = \frac{\langle \mathcal{B}^\dagger \mathcal{A}\rangle}{\langle \mathcal{B}^\dagger \mathcal{B}\rangle}\mathcal{B} + \left(\mathcal{A} - \frac{\langle \mathcal{B}^\dagger \mathcal{A}\rangle}{\langle \mathcal{B}^\dagger \mathcal{B}\rangle}\mathcal{B}\right)$$

$$(2.12)$$

在后面的讨论中，当 $\langle \mathcal{B}^\dagger \mathcal{B}\rangle = 0$ 时，也会认为 $\dfrac{\langle \mathcal{B}^\dagger \mathcal{A}\rangle}{\langle \mathcal{B}^\dagger \mathcal{B}\rangle} = 0$。利用式(2.11)和式(2.12)，

可得

$$\langle \mathcal{A}^\dagger \mathcal{A} \rangle = \frac{|\langle \mathcal{A}^\dagger \mathcal{B} \rangle|^2}{\langle \mathcal{B}^\dagger \mathcal{B} \rangle} + \left\langle \left(\mathcal{A}^\dagger - \frac{\langle \mathcal{A}^\dagger \mathcal{B} \rangle}{\langle \mathcal{B}^\dagger \mathcal{B} \rangle} \mathcal{B}^\dagger \right) \left(\mathcal{A} - \frac{\langle \mathcal{B}^\dagger \mathcal{A} \rangle}{\langle \mathcal{B}^\dagger \mathcal{B} \rangle} \mathcal{B} \right) \right\rangle \quad (2.13)$$

在式(2.13)的等号两边同时乘以$\langle \mathcal{B}^\dagger \mathcal{B} \rangle$,可得

$$\langle \mathcal{A}^\dagger \mathcal{A} \rangle \langle \mathcal{B}^\dagger \mathcal{B} \rangle = \frac{1}{4} |\mathrm{i}\langle [\mathcal{A},\mathcal{B}]_{\mathrm{GC}} \rangle|^2 + \frac{1}{4} |\langle \{\mathcal{A},\mathcal{B}\}_{\mathrm{GC}} \rangle|^2 +$$

$$\langle \mathcal{B}^\dagger \mathcal{B} \rangle \left(\mathcal{A}^\dagger - \frac{\langle \mathcal{A}^\dagger \mathcal{B} \rangle}{\langle \mathcal{B}^\dagger \mathcal{B} \rangle} \mathcal{B}^\dagger \right) \left(\mathcal{A} - \frac{\langle \mathcal{B}^\dagger \mathcal{A} \rangle}{\langle \mathcal{B}^\dagger \mathcal{B} \rangle} \mathcal{B} \right) \quad (2.14)$$

将算符$\mathcal{A} - \langle \mathcal{B}^\dagger \mathcal{A} \rangle \mathcal{B}/\langle \mathcal{B}^\dagger \mathcal{B} \rangle$记为算符$\mathcal{C}$,则统一不确定关系(2.9)证明完成。

实际上,统一不确定关系(2.9)中的余项反映了一个特定的算符$\mathcal{C}$对算符$\mathcal{A}$和$\mathcal{B}$之间不确定关系的影响。将这个算符对不确定关系的影响考虑在内时,不确定关系就会由不等式变成等式,即不确定关系就可以被精确地表达。下面将构造这个统一的不确定关系理论体系。

1. 不确定关系 C0 类

如前文所述,方差乘积形式的不确定关系的缺陷可以被方差和形式的不确定关系所解决,但是并不是所有的方差和形式的不确定关系都可以用于解决方差乘积形式的不确定关系中的缺陷。例如,方差乘积形式的 SUR 不确定关系可以变形为方差和形式的不确定关系,即

$$\Delta \hat{A}^2 + \Delta \hat{B}^2 \geqslant 2\Delta A \Delta B \geqslant 2\sqrt{\left|\frac{1}{2\mathrm{i}}\langle [\hat{A},\hat{B}] \rangle\right|^2 + \left|\frac{1}{2}\langle \{\breve{A},\breve{B}\} \rangle\right|^2} \quad (2.15)$$

其中,用到了不等式$\Delta \hat{A}^2 + \Delta \hat{B}^2 \geqslant 2\Delta A \Delta B$。显然,当系统处于$B$的本征态时,即$\Delta B = 0$,不确定关系(2.15)的下限将会变成平庸的下限。因此,方差和形式的不确定关系(2.15)也会遇到“平庸问题”。也就是说,即使将方差乘积形式的 SUR 不确定关系变成方差和形式的不确定关系,“平庸问题”也不会被解决。可以得出,方差乘积形式的 SUR 和能够解决它的缺陷的方差和形式的 MPUR 之间除了数学形式上的区别之外还存在更加本质的区别。也正是由于这个更加本质区别的存在,MPUR 要比 SUR 更强。为了研究两者之间的区别,先来回顾 SUR。

SUR 不确定关系可以由 Cauchy-Schwarz 不等式推导出来,而且其只可以用来描述两个可观测量之间的不确定关系。自从 Schrödinger 构造出了 SUR 之后,很多人沿着 Schrödinger 的思想来研究不确定关系[17-19],大部分研究是如何将 SUR 扩展为多可观测量不确定关系[20]。可以将这些不确定关系统称为 Schrödinger 型不确定关系,并且这些不确定关系大多数可以统一地用下面的方法来推导。假设

$$\mathcal{F}_1 = \sum_{m=1}^{N} x_m \breve{A}_m \quad (2.16)$$

式中,$\check{A}_m$ 表示任意可观测量,N 为可观测量的数目,$x_m \in \mathbb{C}$ 表示一个任意的复数。利用算符 $\mathcal{F}_1$ 二阶原点矩的非负性$\langle \mathcal{F}_1^\dagger \mathcal{F}_1 \rangle \geqslant 0$,可得

$$\mathbb{D} : \geqslant 0 \qquad (2.17)$$

式中,$\mathbb{D}$ 为 $N \times N$ 矩阵,对应的矩阵元素为$\mathbb{D}(m,n) = \langle \check{A}_m^\dagger \check{A}_n \rangle$。$\mathbb{D} : \geqslant 0$ 意味着$\mathbb{D}$是半正定矩阵。对于半正定矩阵$\mathbb{D}$,可得

$$\begin{cases} \text{Det}(\mathbb{D}) \geqslant 0 \\ X^\dagger . \mathbb{D} . X \geqslant 0 \end{cases} \qquad (2.18)$$

式中,$\text{Det}(\mathbb{D})$表示$\mathbb{D}$的行列式值,$X \in \mathbb{C}^N$ 表示任意 N 维复数空间中的向量。实际上,利用矩阵$\mathbb{D}$的半正定性,可以构造出方差乘积形式的不确定关系,也可以构造出方差和形式的不确定关系,即 $\text{Det}(\mathbb{D}) \geqslant 0$ 将会变成方差乘积形式的不确定关系,而 $X^\dagger . \mathbb{D} . X \geqslant 0$ 将会变成方差和形式的不确定关系。例如,取 $N=2$ 和 $X=\{1, \mp i\}^T$,可得 $\text{Det}(\mathbb{D}) \geqslant 0$ 就是 SUR,而 $X^\dagger . \mathbb{D} . X \geqslant 0$ 就是和形式的不确定关系(2.15)。

利用上面所介绍的方法,可以推导出很多方差乘积形式的不确定关系和方差和形式的不确定关系,将这些推导出来的不确定关系所组成的集合称为不确定关系 C0 类。在 C0 类中,不管是和形式的不确定关系还是乘积形式的不确定关系都可以用不等式$\langle \mathcal{F}_1^\dagger \mathcal{F}_1 \rangle \geqslant 0$ 来推导和解释,而且它们都存在"平庸问题",即"平庸问题"是 C0 类不确定关系所共有的缺陷。出现这种现象的本质原因是:算符 $\mathcal{F}_1$ 的量子性质在大多数情况下并不能由不等式$\langle \mathcal{F}_1^\dagger \mathcal{F}_1 \rangle \geqslant 0$ 来描述。这是因为在量子力学的框架中,二阶原点矩的非负性并不能为算符 $\mathcal{F}_1$ 提供任何信息。因此,为了解决"平庸问题",则需要构造更强的不确定关系类。

2. 不确定关系 C1 类

下面将引入"辅助算符"的概念构造一个更强的不确定关系类,可以解决不确定关系 C0 类的缺陷,而且将说明著名的 MPUR 将会被这个更强的不确定关系 C1 类所覆盖。

考虑引入另外一个任意算符 $\mathcal{O}_1$,根据统一的不确定关系(2.9),可得

$$\langle \mathcal{F}_1^\dagger \mathcal{F}_1 \rangle = \mathcal{L}_1 + \langle \mathcal{F}_2^\dagger \mathcal{F}_2 \rangle \geqslant \mathcal{L}_1 \qquad (2.19)$$

式中

$$\mathcal{L}_1 = (|\,i\langle[\mathcal{F}_1, \mathcal{O}_1]_{GC}\rangle|^2 + |\langle\{\mathcal{F}_1, \mathcal{O}_1\}_{GC}\rangle|^2)/4|\langle\mathcal{O}_1^\dagger \mathcal{O}_1\rangle|$$
$$\mathcal{F}_2 = \mathcal{F}_1 - \langle\mathcal{O}_1^\dagger \mathcal{F}_1\rangle \mathcal{O}_1 / |\langle\mathcal{O}_1^\dagger \mathcal{O}_1\rangle|$$

尤其是,当算符 $\mathcal{O}_1$ 和算符 $\mathcal{F}_1$ 广义不对易或者广义反不对易时,有$\langle \mathcal{F}_1^\dagger \mathcal{F}_1 \rangle \geqslant \mathcal{L}_1 > 0$。

显然,算符 $\mathcal{O}_1$ 的引入可以为二阶原点矩提供更加准确的描述,这是$\langle \mathcal{F}_1^\dagger \mathcal{F}_1 \rangle \geqslant 0$ 所做不到的,因此将算符 $\mathcal{O}_1$ 命名为辅助算符。为了更加准确地研究不确定关系,需要引入辅助算符。利用式(2.19),可以得到$\mathbb{D} : \geqslant \mathbb{V}_1$,其中,$\mathbb{V}_1$是 $N \times N$ 维半正定矩

阵,其矩阵元素为$\mathbb{V}_1(m,n)=\langle \breve{A}_m^\dagger \mathcal{O}_1\rangle\langle \mathcal{O}_1^\dagger \breve{A}_n\rangle$。$\mathbb{D}:\geqslant\mathbb{V}_1$表示$\mathbb{D}-\mathbb{V}_1$是一个半正定矩阵,根据半正定矩阵的性质,可以得到一系列适用于N个可观测量的方差乘积形式的不确定关系和方差和形式的不确定关系。例如,取$N=2$,$\mathcal{O}_1=|\psi^\perp\rangle\langle\psi|$,$X=\{1,\mp i\}^{\mathrm{T}}$,可以得到:

① $X^\dagger\cdot(\mathbb{D}-\mathbb{V}_1)\cdot X\geqslant 0$ 将会退化成著名的 MPUR。

② $\mathrm{Det}(\mathbb{D}-\mathbb{V}_1)\geqslant 0$ 将会变成乘积形式的不确定关系

$$\langle \mathcal{A}_1^\dagger \mathcal{A}_1\rangle\langle \mathcal{A}_2^\dagger \mathcal{A}_2\rangle\geqslant|\langle[\mathcal{A}_1,\mathcal{A}_2]_{\mathrm{GC}}\rangle/2i|^2+|\langle\{\mathcal{A}_1,\mathcal{A}_2\}_{\mathrm{GC}}\rangle/2|^2 \tag{2.20}$$

其中

$$\mathcal{A}_j=\breve{A}_j-\langle\psi^\perp|A_j|\psi\rangle|\psi^\perp\rangle\langle\psi|$$

类似于不确定关系 C0 类,将由式(2.19)推导出来的不确定关系的集合称为不确定关系 C1 类。实际上,不确定关系 C1 类中的所有的不确定关系都可以解释为通过引入一个辅助算符得到的,而不确定关系 C0 类中的不确定关系可以理解为不引入任何辅助算符。基于上面的讨论可以看出,解决了乘积形式不确定关系缺陷的 MPUR 实质上可以看作是选择非厄米算符$|\psi^\perp\rangle\langle\psi|$作为辅助算符,因此 MPUR 是属于不确定关系 C1 类的。下面还将说明不确定关系 C0 类中的缺陷可以被不确定关系 C1 类中的部分不确定关系所解决,因此不确定关系 C1 类要强于不确定关系 C0 类。

如前文所述,当系统所处的量子态刚好是所考虑的可观测量的本征态的时候,不确定关系 C0 类将会出现平庸的下限。实际上,不确定关系平庸问题的本质可以理解为当系统刚好处于$B(A)$的本征态时,不能从不确定关系中得到任何关于$A(B)$不确定度的信息。因此,能够为不确定关系提供更加精确描述的辅助算符就可以被用来解决平庸下限的问题。

根据统一的不确定关系(2.9)和式(2.19)可以得出,当$\langle\mathcal{O}_1^\dagger\mathcal{O}_1\rangle=0$时,辅助算符$\mathcal{O}_1$将不会为二阶原点矩$\langle\mathcal{F}_1^\dagger\mathcal{F}_1\rangle$提供任何有效的信息,因此为了解决不确定关系中的平庸缺陷,所引入的辅助算符必须满足$\langle\mathcal{O}_1^\dagger\mathcal{O}_1\rangle\neq 0$,下面给出关于这个结论的严格证明。假设将辅助算符选为$\mathcal{O}$,则可以得到一个和的形式的不确定关系

$$\Delta A^2+\Delta B^2\geqslant\frac{|\langle[(\breve{A}+\mathrm{e}^{\mathrm{i}\vartheta}\breve{B}),\mathcal{O}]_{\mathrm{GC}}\rangle|^2+|\langle\{(\breve{A}+\mathrm{e}^{\mathrm{i}\vartheta}\breve{B}),\mathcal{O}\}_{\mathrm{GC}}\rangle|^2}{4|\langle\mathcal{O}^\dagger\mathcal{O}\rangle|}-\langle\{\breve{A},\mathrm{e}^{\mathrm{i}\vartheta}\breve{B}\}_{\mathrm{GC}}\rangle$$

$$\tag{2.21}$$

式中,$\theta\in[0,2\pi]$,这里应该选择恰当的θ使不确定关系(2.21)的下限变到最大。通过调节θ,不确定关系(2.21)下限中的第二项,即$\langle\{\breve{A},\mathrm{e}^{\mathrm{i}\vartheta}\breve{B}\}_{\mathrm{GC}}\rangle$,可以保证是大于等于零的。因此,只有当式(2.21)下限中第一项不为零时,不确定关系平庸问题才能够被解决。实际上,式(2.21)下限中第一项的分子可以看作是如下 SUR-型不确定

关系的下限,即

$$\langle \mathcal{A}^{\dagger}\mathcal{A}\rangle\langle \mathcal{B}^{\dagger}\mathcal{B}\rangle \geqslant \frac{1}{4}\mid i\langle [\mathcal{A},\mathcal{B}]_{GC}\rangle\mid^{2}+\frac{1}{4}\mid \langle \{\mathcal{A},\mathcal{B}\}_{GC}\rangle\mid^{2} \qquad (2.22)$$

式中,$\mathcal{A}=\breve{A}+e^{i\vartheta}\breve{B}$,$\mathcal{B}=\mathcal{O}$。从不确定关系(2.22)中可以看出,当算符 $\mathcal{B}$ 的二阶矩等于零时,其所对应的下限将会等于零。也就是说,为了保证不确定关系(2.21)的下限不等于零,必须保证辅助算符的二阶原点矩不等于零,即$\langle \mathcal{O}^{\dagger}\mathcal{O}\rangle\neq 0$。同时,还需要说明的是,即使$\langle \mathcal{A}^{\dagger}\mathcal{A}\rangle\neq 0$ 和$\langle \mathcal{B}^{\dagger}\mathcal{B}\rangle\neq 0$,不确定关系(2.22)的下限也可能在一些偶然的情况下等于零。为了避免这种偶然的情况,需要选择不满足条件$\langle \breve{A}\breve{B}\rangle \equiv \langle \mathcal{O}^{\dagger}(\breve{A}+e^{i\vartheta}\breve{B})\rangle \equiv 0$ 的辅助算符,利用参数 θ 的任意性,上述条件可以改写为

$$\langle \breve{A}\breve{B}\rangle \equiv \langle \mathcal{O}^{\dagger}\breve{A}\rangle \equiv \langle \mathcal{O}^{\dagger}\breve{B}\rangle \equiv 0 \qquad (2.23)$$

对于大部分辅助算符来说,它们都不满足条件(2.23),因此可以通过引入二阶原点矩不等于零的辅助算符来解决乘积形式不确定关系中的平庸缺陷问题。

实际上,上面的推导过程也可以用来解释为什么 MPUR 能够解决乘积形式不确定关系的缺陷。MPUR 可以看作是选择非厄米算符 $|\psi^{\perp}\rangle\langle\psi|$ 作为辅助算符,而非厄米算符 $|\psi^{\perp}\rangle\langle\psi|$ 的二阶矩始终等于 1,永远不会等于零,因此乘积形式不确定关系的缺陷可以被 MPUR 解决。在关于 MPUR 的介绍中,提到为了利用 MPUR 不确定关系解决乘积形式不确定关系的缺陷,则应该避免选择满足条件$\langle\psi|\psi^{\perp}\rangle=\langle\psi|\hat{A}\pm i\hat{B}|\psi^{\perp}\rangle=0$ 的正交态 $|\psi^{\perp}\rangle$。实际上,当选择 $|\psi^{\perp}\rangle\langle\psi|$ 作为辅助算符时,条件(2.23)就会退化成条件$\langle\psi|\psi^{\perp}\rangle=\langle\psi|\hat{A}\pm i\hat{B}|\psi^{\perp}\rangle=0$,这里不再给出详细的推导[16]。

然而,在不确定关系 C1 类中,能够解决乘积形式不确定关系缺陷的不确定关系都会有其他形式的缺陷,这种缺陷实质上是为了解决乘积形式不确定关系中平庸问题所带来的必然结果。为了解决乘积形式不确定关系中的缺陷,需要选择依赖于量子态的辅助算符,从而使辅助算符的二阶矩不等于零。但是,通常在一些特殊的量子态中,这样依赖于量子态的辅助算符很难得到,这就导致了这些不确定关系很难应用到这些量子态中。例如,MPUR 是通过选取非厄米算符 $|\psi^{\perp}\rangle\langle\psi|$ 作为辅助算符的,但是也正是由于非厄米算符 $|\psi^{\perp}\rangle\langle\psi|$ 的引入,导致了 MPUR 很难应用于高维量子态。也就是说,不确定关系 C0 类和不确定关系 C1 类中的不确定关系都是存在缺陷的。

3. 不确定关系 C2 类

不确定关系 C0 类和不确定关系 C1 类分别可以解释为引入 0 个和引入 1 个辅助算符,这两类不确定关系可以覆盖很多之前比较著名的不确定关系,但是这两类不确定关系都是有缺陷的[13,21]。因此,自然就会提出一个问题:是否可以通过引入

更多的辅助算符来构造更强的不确定关系类,如果可以的话,那么 C0 类和 C1 类不确定关系的缺陷是否可以被这个更强的不确定关系类所解决。通过引入 m 个辅助算符而构造的不确定关系类被称为不确定关系 Cm 类,其中,m 为正整数。下面首先介绍不确定关系 C2 类,并说明不确定关系 C0 类和 C1 类不确定关系的缺陷可以被这个更强的不确定关系 C2 类所解决。

在构造不确定关系 C1 类的过程中,将式(2.19)中的余项 $\langle \mathcal{F}_2^\dagger \mathcal{F}_2 \rangle$ 直接忽略了,而为了构造出更强的不确定关系类,需要考虑这个余项。假设引入一个任意的算符 $\mathcal{O}_2$,并利用统一的不确定关系(2.9),就可以得到余项 $\langle \mathcal{F}_2^\dagger \mathcal{F}_2 \rangle$,即

$$\langle \mathcal{F}_2^\dagger \mathcal{F}_2 \rangle = \mathcal{L}_2 + \langle \mathcal{F}_3^\dagger \mathcal{F}_3 \rangle \tag{2.24}$$

式中

$$\mathcal{L}_2 = \frac{(|\langle [\mathcal{F}_2, \mathcal{O}_2]_{GC} \rangle|^2 + |\langle \{\mathcal{F}_2, \mathcal{O}_2\}_{GC} \rangle|^2)}{4|\langle \mathcal{O}_2^\dagger \mathcal{O}_2 \rangle|}$$

$$\mathcal{F}_3 = \mathcal{F}_2 - \frac{\langle \mathcal{O}_2^\dagger \mathcal{F}_2 \rangle \mathcal{O}_2}{|\langle \mathcal{O}_2^\dagger \mathcal{O}_2 \rangle|}$$

将余项(2.24)代入式(2.19)中,就可以引入另外一个算符 $\mathcal{O}_2$

$$\langle \mathcal{F}_1^\dagger \mathcal{F}_1 \rangle = \mathcal{L}_1 + \mathcal{L}_2 + \langle \mathcal{F}_3^\dagger \mathcal{F}_3 \rangle \geqslant \mathcal{L}_1 + \mathcal{L}_2 \tag{2.25}$$

类似于式(2.19),利用(2.25)式,就可以构造很多方差乘积形式与方差和的形式的不确定关系,这些不确定关系的集合,被称为不确定关系 C2 类。

接下来将说明 C2 类不确定关系可以解决 C0 类和 C1 类不确定关系的缺陷。前面的讨论已经介绍了可以通过引入二阶原点矩不为零的辅助算符来解决乘积形式不确定关系中的缺陷。根据统一的不确定关系,任意两个广义不对易或广义反不对易算符的二阶原点矩不能同时为零。因此,当引入两个广义不对易或广义反不对易算符作为辅助算符时,两个算符中的一个算符必然可以用来解决乘积形式不确定关系中的缺陷。例如,根据式(2.25),假设算符 $\mathcal{R}$ 和算符 $\mathcal{S}$ 广义不对易,取 $\mathcal{O}_1 = \mathcal{R}$,$\mathcal{O}_2 = \mathcal{S}$ 以及 $N = 2$,可得

$$\Delta A^2 + \Delta B^2 \geqslant \mathcal{L}_\mathcal{R} + \mathcal{L}_\mathcal{S} + \langle \{A, e^{i\vartheta} \breve{B}\}_{GC} \rangle \tag{2.26}$$

其中

$$\mathcal{L}_\mathcal{R} = \frac{(|\langle [(\breve{A} + e^{i\vartheta} \breve{B}), \mathcal{R}]_{GC} \rangle|^2 + |\langle \{(\breve{A} + e^{i\vartheta} \breve{B}), \mathcal{R}\}_{GC} \rangle|^2)}{(4|\langle \mathcal{R}^\dagger \mathcal{R} \rangle|)}$$

$$\mathcal{L}_\mathcal{S} = \frac{(|\langle [\mathcal{F}_\mathcal{S}, \mathcal{S}]_{GC} \rangle|^2 + |\langle \{\mathcal{F}_\mathcal{S}, \mathcal{S}\}_{GC} \rangle|^2)}{(4|\langle \mathcal{S}^\dagger \mathcal{S} \rangle|)}$$

$$\mathcal{F}_\mathcal{S} = \breve{A} + e^{i\vartheta} \breve{B} - \frac{\langle \mathcal{R}^\dagger (\breve{A} + e^{i\vartheta} \breve{B}) \rangle \mathcal{R}}{|\langle \mathcal{R}^\dagger \mathcal{R} \rangle|}$$

对于大多数广义不对易算符 $\mathcal{R}$ 和 $\mathcal{S}$ 来说,乘积形式不确定关系的缺陷可以被不确定

关系(2.26)完全解决。但是,由于限制条件$\langle \breve{A}\breve{B}\rangle \equiv \langle \mathcal{O}^{\dagger}(\breve{A}+\mathrm{e}^{\mathrm{i}\theta}\breve{B})\rangle \equiv 0$ 的存在,应该选择不满足下面条件的 $\mathcal{R}$ 和 $\mathcal{S}$ 算符

$$\langle \breve{A}\breve{B}\rangle \equiv \langle \mathcal{R}^{\dagger}\breve{A}\rangle \equiv \langle \mathcal{R}^{\dagger}\breve{B}\rangle \equiv \langle \mathcal{S}^{\dagger}\breve{A}\rangle \equiv \langle \mathcal{S}^{\dagger}\breve{B}\rangle$$

这种选择总是可以做到的。

如图 2-2 所示,令 $A=J_x$,$B=J_z$,$h=1$,量子态为 $\rho = \cos(\alpha)^2 |1\rangle\langle 1| + \sin(\alpha)^2 |-1\rangle\langle -1|$,其中 $|\pm 1\rangle$ 和 $|0\rangle$ 是 J_z 的本征态,± 1 和 0 是对应的本征值。绿色点划线表示 SUR 的下限(用 $\mathrm{LB_{SUR}}$ 表示),可以看出,SUR 的下限一直是零,即表示有缺陷。根据参考文献[6],对于混合态 $\rho_{\mathrm{mixed}} = \sum p_j |\psi_j\rangle\langle\psi_j|$,如果存在一个态 $|\psi^{\perp}\rangle$ 与所有的态 $|\psi_j\rangle$ 正交,MPUR 就变为 $\Delta A^2 + \Delta B^2 \geqslant \langle (-A\pm \mathrm{i}B)|\psi^{\perp}\rangle\langle\psi^{\perp}|(-A\mp \mathrm{i}B)\rangle \mp \mathrm{i}\langle [A,B]\rangle$。显然,对于给定量子混合态 ρ,正交态 $|\psi^{\perp}\rangle$ 只能取为 $|0\rangle$,相应的下限由紫色虚线(用 $\mathrm{LB_{ort}}$ 表示)表示。200 个红点(用 $\mathrm{LB_{ran}}$ 表示)代表(2.26)下限,该下限是通过将 200 个随机 α 以及不对易的 $\mathcal{R}$ 和 $\mathcal{S}$ 代入(2.26)计算得到的。蓝色实线是(2.26)的最优下限(用 $\mathrm{LB_{op}}$ 表示),该下限是通过将 $\mathcal{R}=\lambda_1 A +\lambda_2 B$ 取 $|\lambda_1|^2 = |\lambda_2|^2 \neq 0$ 获得,可以发现 $\mathrm{LB_{op}}$ 正好等于 $\Delta J_x^2 + \Delta J_z^2$。

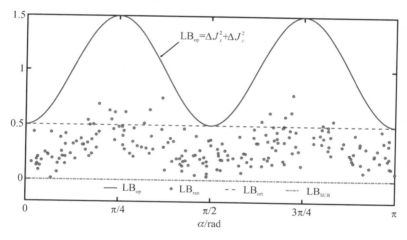

图 2.2　以自旋 1 体系为平台展示新的不确定关系不等式(2.26)

由于不依赖于正交态 $|\psi^{\perp}\rangle$,不确定关系(2.26)可以很好地应用于高维量子系统。同时,如图 2-2 所示,通过限制辅助算符的选择,不确定关系(2.26)有比 MPUR 更好的紧性。此外,当取 $\mathcal{R}=\lambda_1 \breve{A}+\lambda_2\breve{B}$,$|\lambda_1|^2=|\lambda_2|^2 \neq 0$,$\lambda_1,\lambda_2 \in \mathbf{C}$ 时,不确定关系不等式(2.26)将会变成不确定关系等式。这个使等式成立的条件并不依赖于正交态,因此,即使在高维量子态的情况下,这个使等式成立的条件也很容易被满足。

综上所述,通过限制辅助算符的选择,不确定关系 C0 类和 C1 类不确定关系的缺陷可以被更强的不确定关系 C2 类所解决。

4. 不确定关系 Cm 类

根据上面的讨论,可以看出统一不确定关系的余项在不确定关系 C2 类的构造中起了非常重要的作用,正是因为余项的存在,才可以引入更多的辅助算符。如式(2.25)所示,当引入辅助算符 $\mathcal{O}_2$ 之后,又会有一个新的余项出现,这个余项可以帮助引入新的辅助算符 $\mathcal{O}_3$。也就是说,当引入一个辅助算符的时候就会产生一个新的余项可以引入下一个新的辅助算符,以此类推,通过对余项的不断迭代,则可以引入任意数目的辅助算符。当引入 m 个辅助算符的时候,就构造出了不确定关系 Cm 类,即

$$\langle \mathcal{F}_1^{\dagger} \mathcal{F}_1 \rangle = \sum_{k=1}^{m} \mathcal{L}_m + \langle \mathcal{F}_{m+1}^{\dagger} \mathcal{F}_{m+1} \rangle \geqslant \sum_{k=1}^{m} \mathcal{L}_m \tag{2.27}$$

式中

$$\mathcal{L}_m = \frac{(|\langle [\mathcal{F}_m, \mathcal{O}_m]_{GC} \rangle|^2 + |\langle \{\mathcal{F}_m, \mathcal{O}_m\}_{GC} \rangle|^2)}{4|\langle \mathcal{O}_m^{\dagger} \mathcal{O}_m \rangle|}$$

$$\mathcal{F}_{m+1} = \mathcal{F}_m - \langle \mathcal{O}_m^{\dagger} \mathcal{F}_m \rangle \mathcal{O}_m / |\langle \mathcal{O}_m^{\dagger} \mathcal{O}_m \rangle|$$

$\mathcal{O}_m$ 表示第 m 个任意的辅助算符。

显然,当这 m 个辅助算符中存在两个广义不对易或者广义反不对易的算符时,在不确定关系 C0 类和 C1 类中不确定关系的缺陷也可以被不确定关系 Cm 类所解决,其中,$m \geqslant 2$。如前面所描述的那样,辅助算符的引入可以为不确定关系提供更加精确的描述,因此随着更多辅助算符的引入,不确定关系会被表达得越来越精确,所对应的不确定关系紧性也就越好。如图 2-3 所示,可以发现随着辅助算符的引入,不确定关系的紧性越来越好,当引入 3 个辅助算符的时候不确定关系就能够被精确地表示[16]。因此,称具有更多辅助算符的不确定关系类更强。

5. 不确定关系 Cr 类

不确定关系本质上是研究两个或多个不对易可观测量的不确定度之间的关系的。然而,通常的不确定关系是由不等式表示的,这显然是不够精确的。从上面的讨论可以看出,随着辅助算符的引入,不确定关系可以被更加精确地表达。因此,自然就会产生一个问题,即随着更多辅助算符的引入,不确定关系是否能够被精确地用等式来描述。下面将构造适用于任何有限维系统的不确定关系等式。

利用统一的不确定关系,可得到一个精确的不确定关系 Cr 类,即

$$\langle \mathcal{F}_1^{\dagger} \mathcal{F}_1 \rangle = \sum_{k=1}^{r} \mathcal{L}_m \tag{2.28}$$

式中,$\mathcal{O}_k$ 是算符集合 $\Theta = \{\mathcal{O}_1, \mathcal{O}_2, \cdots, \mathcal{O}_r\}$ 中的元素。Θ 中的元素满足如下条件

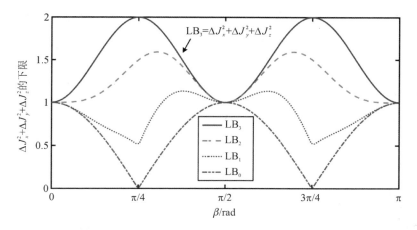

图 2.3 LB_n 表示引入 $n\,(n=0,1,2,3)$ 个辅助算符的不确定关系的下限

$$\langle \mathcal{O}_i{}^\dagger \mathcal{O}_j \rangle = \langle \mathcal{O}_i{}^\dagger \mathcal{O}_j \rangle \delta_{kj}\,, \quad \langle \mathcal{O}_k{}^\dagger \mathcal{O}_k \rangle \neq 0 \qquad (2.29)$$

式中,k、i、$j \in \{1,2,\cdots,r\}$,r 为算符集合 Θ 所能容纳算符的最大数目。类似地,利用等式(2.28)可以构造出很多方差乘积形式的不确定关系和方差和形式的不确定关系,这些关系可以精确地表达不确定关系,如图 2-3 所示。式(2.28)和式(2.29)的证明过程可以参见文献[16]。

2.3 条件量子不确定关系

传统量子不确定关系表明,即使 Bob 掌握了被测系统量子态的所有信息,也不能同时精确预测不对易可观测量的测量结果。因此,人们就不断去思考如何才能使 Bob 能够精确地预测 Alice 的测量结果,即如何突破传统不确定关系下限,于是便诞生了条件量子不确定关系。条件量子不确定关系主要有基于熵的条件不确定关系和基于方差的条件不确定关系。

2.3.1 基于熵的条件不确定关系

2.2 节中介绍了基于方差的不确定关系,本节在引入基于熵的条件不确定关系时,有必要先介绍基于熵的不确定关系[22],即

$$H(R) + H(S) \geqslant \log_2 \frac{1}{c} \qquad (2.30)$$

式中,R 和 S 表示两个彼此不对易的可观测量,$H(Y)(Y \in \{R,S\})$ 表示可观测量 Y 对应测量结果的 Shannon 熵[23-25]。$H(Y) = -\sum p_j \ln(p_j)$,其中,$p_j$ 表示对应 Y 测

量结果的概率分布[23]。R 和 S 之间的不相容性是由 $\log_2(1/c)$ 量化的,其中,$c = \max_{r,s}|\langle\Psi_r|\Phi_s\rangle|^2$,$|\Psi_r\rangle$ 和 $|\Phi_s\rangle$ 表示不对易可观测量 R 和 S 各自的本征态。与基于方差的不确定关系类似,基于熵的不确定关系也表示无法同时精确预测两个不对易可观测量的测量结果。基于熵的不确定关系和前述基于方差的不确定关系的区别是:基于熵的不确定关系(2.30)的下限是与系统所处的量子态无关的[26-28]。这种与态无关的下限在量子信息处理中有很广泛的应用[29,30],如纠缠探测和量子秘钥分发[31,32]。

为了突破传统熵不确定关系的下限,2010 年,Berta 等人引入一个与被测粒子 A 纠缠的量子存储系统,利用这个量子存储系统,Bob 可以获得一些 Alice 测量结果的信息,从而可以大幅度提高 Bob 对 Alice 测量结果的预测精度,最终突破之前不确定关系的限制。整个过程可以用图 2-4 中所描述的不确定关系游戏来描述。在图 2-4 中,仍然是 Alice 和 Bob 两个人参与这个游戏:

① Bob 首先制备出两个粒子 A 和 B,通常假设粒子 A 和粒子 B 是纠缠在一起的,然后只将粒子 A 发送给 Alice。这里需要说明的是,因为粒子 A 和粒子 B 是由 Bob 制备的,所以 Bob 完全掌握粒子 A 和粒子 B 所处量子态的信息。

② Alice 在两个不对易可观测量 R 和 S 中选择一个可观测量,并对粒子 A 进行选定的测量。

③ Alice 将其所选定测量告诉 Bob,由 Bob 来猜测其测量的结果。

对应的不确定度可以用下面的多体不确定关系不等式来描述[33],即

$$H(R\mid B) + H(S\mid B) \geqslant \log_2\frac{1}{c} + H(A\mid B) \tag{2.31}$$

在考虑到 Bob 掌握粒子 A 存储在粒子 B 中信息的情况,对 Bob 来说,Alice 处的测量 Y 的结果的不确定度可以用条件 John von Neumann 熵 $H(Y|B)$ 来度量。$H(Y|B) = H(\rho_{YB}) - H(\rho_B)$,其中,$\rho_{YB} = \sum_Y(|\Psi_Y\rangle\langle\Psi_Y|\otimes I)\rho_{AB}(|\Psi_Y\rangle\langle\Psi_Y|\otimes I)$ 表示对粒子 A 进行 Y 测量之后整个系统的量子态,$\rho_B = \mathrm{Tr}_A(\rho_{YB})$ 表示测量之后粒子 B 所处的量子态。

在不确定关系(2.31)下限中出现的额外项 $H(A|B)$ 其实是量化了粒子 A 和粒子 B 之间的纠缠的,当 A 和 B 两个系统处于纠缠态时,就有 $H(A|B)\leqslant 0$,这就使得不确定关系(2.31)的下限低于传统熵不确定关系(2.30)的下限。也就是说,随着与 A 系统纠缠的 B 系统的引入,传统不确定关系的下限就能够被突破。尤其是当 A 和 B 处于最大纠缠态时,可以推导出不确定关系(2.31)的下限会小于等于 0,即可以精确预测非对易可观测的结果[30]。

不确定关系(2.31)之所以能够突破传统不确定关系的下限,是因为当粒子 B 和粒子 A 处于纠缠态时,粒子 B 中会存储部分关于粒子 A 的信息。利用这个存储的

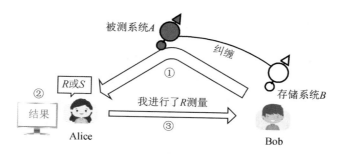

图 2.4　量子存储支撑下熵的不确定关系原理示意图

信息,Bob 可以得到系统 A 部分测量结果的信息,从而以非常高的精度预测 Alice 对于粒子 A 的测量结果。因此,称粒子 A 为被测系统,粒子 B 为量子存储系统,不确定关系(2.31)为量子存储支撑下熵的不确定关系。可以看出,量子存储支撑下熵的不确定关系涉及两个物理系统,即被测系统和存储系统,而存储系统本质上是条件系统,因此量子存储支撑下熵的不确定关系本质上是条件两体不确定关系。

2.3.2　基于方差的多体条件不确定关系

如上节所述,量子存储支撑下熵的不确定关系本质上是一个条件两体不确定关系,由于条件熵定义复杂,导致很难将两体不确定关系推广至多体不确定关系。因此,为了构造多体条件不确定关系,我们将研究方向转向了条件方差不确定关系。而对于方差不确定关系来说,至今还没有有效的两体甚至多体条件方差不确定关系,主要是因为传统的条件方差定义还存在很多缺陷。传统的条件方差主要是以一个测量的单次具体测量结果为条件。假设整个系统中有两个子系统,分别记为 S_1 和 S_2,传统条件方差的定义可以表示为

$$V(Q^{S_1} \mid O^{S_2} := \lambda_j) = \mathrm{Var}(Q^{S_1}, \rho^{S_1}_{(O^{S_2} := \lambda_j)}) \tag{2.32}$$

式中,$Y^{S_i}(i \in \{1,2\})$ 表示子系统 S_i 中的可观测量 Y;$O^{S_i} := \lambda_j$ 表示当对系统 S_i 进行 O 测量时得到的结果是 λ_j(λ_j 表示算符 O 的本征值);$\rho^{S_1}_{(O^{S_2} := \lambda_j)}$ 表示测量之后的整个复合系统的量子态,这其中的记号 ρ 表示系统在测量之前的密度矩阵元素为 ρ;$\mathrm{Var}(O^{S_1}, \rho^{S_1}_{(O^{S_2} := \lambda_j)})$ 表示测量 O^{S_1} 在量子态 $\rho^{S_1}_{(O^{S_2} := \lambda_j)}$ 下的方差,其表达式为

$$\mathrm{Var}(O^{S_1}, \rho^{S_1}_{(O^{S_2} := \lambda_j)}) = \mathrm{Tr}[\rho^{S_1}_{(O^{S_2} := \lambda_j)}(O^{S_1})^2] - [\mathrm{Tr}(\rho^{S_1}_{(O^{S_2} := \lambda_j)}O^{S_1})]^2$$

$$\tag{2.33}$$

其中,$\rho^{S_1}_{(O^{S_2} := \lambda_j)} = \mathrm{Tr}^{S_2}[\rho_{(O^{S_2} := \lambda_j)}]$ 表示 $\rho_{(O^{S_2} := \lambda_j)}$ 将 S_2 约化后的密度矩阵元素。因此,$V(O^{S_1} \mid O^{S_2} := \lambda_j)$ 表示经过测量 O^{S_2} 并得到相应的测量结果为 λ_j 之后 O^{S_1} 的

方差。

然而,在上述关于条件方差的定义中还存在很多缺陷,这极大地限制了这个条件方差在多体不确定关系构造中的应用。这个缺陷就是:测量结果的方差并不会因为条件系统的引入而减少,也就是说从条件系统中得到的信息不会减小对被测系统进行的测量结果的不确定度。例如,考虑两个比特系统,当选择测量为 $Q=O=\sigma_z$ 时,整个系统的量子态为 $(|0\rangle_1+|1\rangle_1)|0\rangle_2/2+|1\rangle_1|1\rangle_2/\sqrt{2}$,可得 $V(Q^{S_1}|O^{S_2}:=0)\geqslant V(Q^{S_1})$,其中,$|0\rangle$ 和 $|1\rangle$ 分别表示 σ_z 的本征态,$|\cdot\rangle_i$ 表示 S_i 子系统的量子态,$V(Q^{S_1})$ 表示 Q^{S_1} 的方差。

为了解决传统条件方差的缺陷,采用如下的条件方差定义[34]

$$E[V(Q^{S_1}|O^{S_2})]=\sum_{j=1}P(O^{S_2}:=\lambda_j)V(Q^{S_1}|O^{S_2}:=\lambda_j) \qquad (2.34)$$

式中,$P(O^{S_i}:=\lambda_j)$ 表示对子系统 S_i 进行 O 测量得到结果是 λ_j 的概率。这里的条件方差 $E[V(Q^{S_1}|O^{S_2})]$ 本质上是方差关于 $V(Q^{S_1}|O^{S_2}:=\lambda_j)$ 概率 $P(O^{S_2}:=\lambda_j)$ 的平均。由 $V(Q^{S_1}|O^{S_2}:=\lambda_j)$ 的定义可知,其是用来量化进行了 O^{S_2} 测量并得到结果为 λ_j 之后 Q^{S_1} 的不确定度。因此,$V(Q^{S_1}|O^{S_2}:=\lambda_j)$ 的平均值,即 $E[V(Q^{S_1}|O^{S_2})]$,实际上表示在经过 O^{S_2} 测量之后测量 Q^{S_1} 方差的平均。也就是说,条件方差 $E[V(Q^{S_1}|O^{S_2})]$ 可以用来量化经过 O^{S_2} 测量之后,测量 Q^{S_1} 还剩下的不确定度。需要注意的是,通过证明还可得到[34]

$$E[V(Q^{S_1}|O^{S_2})]\leqslant V(Q^{S_1}) \qquad (2.35)$$

这就意味着,条件方差(2.34)不同于传统的条件方差,其可以得到测量的不确定度会随着条件系统的引入而减少。

利用条件方差(2.34)的概念,可以构造一个基于方差的多体条件不确定关系。考虑如图 2-5 所示不确定关系游戏:

① Bob 制备出 $N+1$ 个粒子,分别标记为 $A,C_1,C_2,\cdots,C_N$,然后将粒子 A 发送给 Alice。

② Alice 在一组彼此不对易的可观测量 $\{Q_1,Q_2,\cdots,Q_K\}$ 中选择一个测量,若她选择了 Q_k,并将选择的测量告诉 Bob。需要说明的是,Alice 只是选择她将要进行的测量,而并不进行真正的测量,真正的测量将在第④步进行。

③ 根据 Alice 提供的信息,以及 Bob 所掌握的关于量子态的信息,Bob 选择一个合适的测量,记为 O_k,然后分别对 $C_1,C_2,\cdots,C_N$ 系统进行 O_k 测量。需要说明的是,对 Bob 选择的测量没有任何限制,也不要求他的选择与 Alice 相同。

④ Alice 对粒子 A 进行她在第②步就选定的测量,即 Q_k。

Bob 根据其所掌握的关于量子态的经典信息,以及 Alice 通过经典通讯告诉他

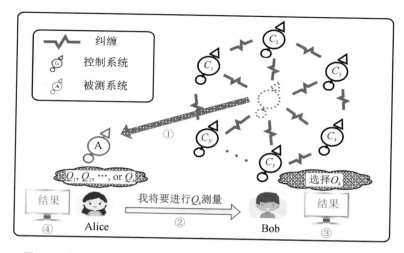

图 2.5　关于量子控制协助下的多体条件方差不确定关系原理示意图

的信息,所选择的在 $C_1,C_2,\cdots,C_N$ 进行的测量 O_k 主要是用于控制整个系统的量子态从而能够尽可能地减少 Alice 对粒子 A 所进行的局域测量结果的不确定度。因此,称粒子 A 为被测系统,称粒子 $C_1,C_2,\cdots,C_N$ 为控制系统。对应地,称作用在控制系统上的测量为量子控制。从掌握了量子控制系统的 Bob 的角度来说,当被测系统 A 和控制系统之间存在纠缠时,Alice 在测量系统上进行的测量的不确定度将会被减少,对应的不确定关系为[34]

$$\sum_{k=1}^{K} E[V(Q_k^A \mid O_k^{C_1},O_k^{C_2},\cdots,O_k^{C_N})] \geqslant L_{\text{tra}} - \sum_{k=1}^{K} \{V[E(Q_k^A \mid O_k^{C_1})] +$$

$$\sum_{n=2}^{N} E[V(E[Q_k^A \mid O_k^{C_n}] \mid O_k^{C_1},O_k^{C_2},\cdots,O_k^{C_{n-1}})]\} \tag{2.36}$$

式中, $E[V(Q_k^A \mid O_k^{C_1},O_k^{C_2},\cdots,O_k^{C_N})]$ 表示以已经进行了 $O_k^{C_1},O_k^{C_2},\cdots,O_k^{C_N}$ 测量为条件的关于 Q_k^A 的条件不确定关系, L_{tra} 为传统基于方差和不确定关系 $\sum_{k=1}^{K} V(Q_k^A) \geqslant L_{\text{tra}}$ 的下限。关于不确定关系(2.36)的证明详见参考文献[34]。

下面将以具体的例子来说明如何在量子控制和纠缠的帮助下来突破传统的不确定关系。假设 N 个控制系统的一个系统,不失一般性,直接取为 C_1 子系统,与被测系统处于最大纠缠态,测量 O_k 和测量 Q_k 完全相同,可以推导出测量 O_k^A 的测量结果将会和 $Q_k^{C_1}$ 的测量结果完全相同。因此,不确定关系(2.36)的下限就会变成 $L_{\text{tra}} - \sum_{k=1}^{K} V(O_k^A) \leqslant 0$,也就是说,从 Bob 的角度来看,在量子控制的协助下,传统不确定关系的下限就被突破了。此外,如果被测系统和控制系统之间没有任何纠缠,对控制系统的操作不会对测量系统产生任何影响,则不确定关系(2.36)的下限将会变成 L_{tra},也就是说不确定关系(2.36)将会退化成传统的不确定关系。

根据上面的讨论可以看出,由于量子控制的引入,可以利用量子控制-纠缠来突破传统的量子不确定关系。此外,还可以看出,新得到的不确定关系(2.36)是适用于多体系统的不确定关系,即可以引入任意多个控制系统。因此,称不确定关系(2.36)为量子控制协助的多体方差不确定关系。

2.4 不确定关系的应用——纠缠探测

量子纠缠,作为一种非局域资源,在很多领域都有着非常重要的应用[35-37]。鉴于纠缠的重要性,自然就会产生一个问题,那就是如何去判断制备出来的量子态确实是有纠缠的,即量子纠缠探测[38-44]。根据纠缠中涉及子系统的个数,纠缠可以分为两体纠缠[45,46]和多体纠缠。不同于两体纠缠,多体纠缠呈现出不同的结构,这也导致多体纠缠比两体纠缠更加难以判断和区分。早期关于多体纠缠结构的判据都是依赖于量子态的具体形式,但是,在很多实际应用中,很难获得密度矩阵的详细信息,因此这些判据通常很难产生实用价值[40]。当然,也可以通过量子态重构的方法将系统的量子态重新构造出来,但是,这种重构方法很难适用于高维量子系统和具有很多子系统的复合系统。虽然研究人员已经在多体纠缠探测领域取得了很大的进展,但是,在没有掌握量子态信息的情况下,即使对于纯态来说,目前也没有很有效的多体纠缠探测方案[39-41]。

目前,不确定关系的一个非常重要的应用就是纠缠探测。基于不确定关系的纠缠探测方案最大的优势是:该方案通常只涉及一些非对易测量,并不需要量子态全部的信息。然而,由于早期并不存在能够直接适用于多体的不确定关系,因此不确定关系只能用于判断两体纠缠。在本章2.3节介绍了新构造的量子控制协助的多体方差不确定关系,表明:当系统处于不同的多体纠缠结构时,传统的不确定关系将会被不同程度的违背。利用不确定关系的这个特性,可以引入"多体纠缠谱线"的概念。对于不同的多体纠缠结构,多体纠缠谱线将会呈现出不同的谱,因此,多体纠缠谱线可以看成是多体纠缠结构解析器[34]。这个多体纠缠结构解析器只涉及若干个非对易可观测量,因此可以很好地应用于高维多粒子的多体纠缠结构判断,下面将给出详细的介绍。

设一个复合系统由 M 个子系统组成,其中 $M > 2$。不同于两体纠缠,M 体纠缠呈现出不同的结构[47]。考虑一个常数 $L(2 \leqslant L < M)$,当整个系统的纯态 $|\Phi\rangle$ 可以写成 $|\Phi\rangle = \otimes_{l=1}^{L} |\varphi_l\rangle$ 形式时,则称纯态 $|\Phi\rangle$ 是 L-分离的[48]。其中,$|\varphi_l\rangle$ 表示 M 体子集

上的量子态。当系统不是 L-分离时，则存在纠缠，但当系统不是 2-分离态时，就是真纠缠态。如前文所述，当不知道量子态具体信息时，通常很难区分和判断不同的纠缠结构。

类似于构造多体不确定关系，也假设一个复合系统有 $N+1$ 个子系统，分别用 $A,C_1,C_2,\cdots,C_N$ 来标记。用 $\mathcal{L}_m$ 表示具有 m 个控制系统时多体不确定关系的下限，其中，$0\leqslant m\leqslant N$，其表达式为

$$\mathcal{L}_0 = L_{\text{tra}}$$

$$\mathcal{L}_1 = L_{\text{tra}} - \sum_{k=1}^{K} V[E(O_A^k \mid O_1^k)]$$

$$\mathcal{L}_2 = L_{\text{tra}} - \sum_{k=1}^{K} \{V[E(O_A^k \mid O_1^k)] + \sum_{n=2}^{2} E[V(E[O_A^k \mid O_n^k] \mid O_1^k, O_2^k, \cdots, O_{n-1}^k)]\}$$

$$\vdots$$

$$\mathcal{L}_N = L_{\text{tra}} - \sum_{k=1}^{K} \{V[E(O_A^k \mid O_1^k)] + \sum_{n=2}^{N} E[V(E[O_A^k \mid O_n^k] \mid O_1^k, O_2^k, \cdots, O_{n-1}^k)]\}$$

$$(2.37)$$

不确定关系之所以能够探测纠缠，是因为当局域不确定关系被违背时必然有纠缠存在。因此，可以将局域不确定关系的违背看作是纠缠存在的标志。沿着这个思路可以推导出，如果被测系统 A 中的局域不确定关系随着 C_1 控制系统的引入而被违背的话，即有 $\mathcal{L}_0 > \mathcal{L}_1$，那么就可以推导出控制系统 C_1 和被测系统 A 之间是纠缠的。以此类推，如果有 $\mathcal{L}_0 > \mathcal{L}_1 > \cdots > \mathcal{L}_{m-1} = \mathcal{L}_m = \cdots = \mathcal{L}_N$，那么在整个复合系统中至少有 m 个子系统是彼此纠缠的。尤其是，如果观测到 $\mathcal{L}_0 > \mathcal{L}_1 > \cdots > \mathcal{L}_N$ 时，那么整个系统就处于真纠缠量子态。也就是说，对于不同的纠缠结构，传统不确定关系会出现不同程度的违背，这就是利用多体不确定关系判断和识别多体纠缠结构的最基本思想。

此时，基于不同数目控制系统的下限 $\{\mathcal{L}_0, \mathcal{L}_1, \cdots, \mathcal{L}_N\}$ 就被称为前文所述的多体纠缠谱线（MERLs）。根据上面的讨论，可以看出，分离的纠缠谱线可以用于判断多体纠缠纯态的结构。对于具有 $N+1$ 个子系统的复合系统来说，如果探测到 $N+1$ 个分离的纠缠谱线，那么一个纯态是真纠缠的；如果探测到 m 条纠缠的谱线，那么对应的纯态就是 $(N+2-m)$-分离的，$(N+1-m)$-分离的，$\cdots$，2-分离的。如图 2-6 所示为 4 个自旋为 1/2 系统中多体纠缠谱线（MERLs）的演示图，4 个子系统分别由 S_1、S_2、S_3 和 S_4 表示，将 S_1 作为被测系统，将 S_2、S_3、S_4 作为控制系统。取多粒子真纠缠态为 $|\varphi_e\rangle = 1/\sqrt{2}\,(|0000\rangle + |1111\rangle)$，2-分离态为 $|\varphi_2\rangle = 1/\sqrt{2}\,(|000\rangle + |111\rangle) \otimes |0\rangle$，3-分离态为 $|\varphi_3\rangle = 1/\sqrt{2}\,(|00\rangle + |11\rangle) \otimes |0\rangle \otimes |0\rangle$，4-分离态为 $|\varphi_4\rangle = |0\rangle \otimes |0\rangle \otimes |0\rangle \otimes |0\rangle$，其中，$|0\rangle$ 和 $|1\rangle$ 是 σ_z 的本征态。令 $K=4$，取不对易可观测量为 $O_1 =$

σ_x，$O_2 = \sigma_y$，$O_3 = \sigma_z$ 和 $O_4 = \sigma_x + \sigma_y + \sigma_z$，传统的下限 L_{tra} 取为不确定关系等式的下限，即 $L_{\text{tra}} = \sum_{k=1}^{K} V(O_k^A)$，则可以得到 $|\varphi_e\rangle$、$|\varphi_2\rangle$、$|\varphi_3\rangle$ 和 $|\varphi_4\rangle$ 态对应的 MERLs。可以看到，真正的多体纠缠态可以通过分裂的 MERLs 谱线来识别。图中的虚线表示 MERLs 谱线分裂过程。因此，由不确定关系下限组成的纠缠谱线可以看作是多体纠缠的结构解析器。

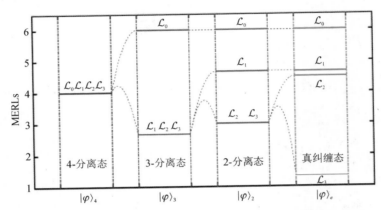

图 2.6　4 个自旋为 1/2 系统中多体纠缠谱线（MERLs）的演示图

需要说明的是，上述得到的结论适用于具有有限子系统的任何有限维纯态。下面将利用反证法给出相应的证明。假设：

① 系统不是处于多体真纠缠态，也就说不是 2-分离的。

② $\mathcal{L}_0 > \mathcal{L}_1 > \cdots > \mathcal{L}_N$。

根据假设①可以推导出存在一个控制系统，如为 C^n，控制系统 C^n 与被测系统分离的。因此，当 $n \geqslant 2$ 时，则有 $\mathcal{L}_{n-1} - \mathcal{L}_n = \sum_{k=1}^{K} E[V(E[O_A^k \mid O_n^k] \mid O_1^k, O_2^k, \cdots, O_{N-1}^k)] \equiv 0$；当 $n = 1$ 时，则有 $\mathcal{L}_0 - \mathcal{L}_1 = \sum_{k=1}^{K} V[E(O_A^k \mid O_1^k)] \equiv 0$。 显然，这个结论与假设是相互矛盾的。因此，可以推导出，当 $\mathcal{L}_0 > \mathcal{L}_1 > \cdots > \mathcal{L}_N$ 时，$N+1$ 粒子是真纠缠的。

在多体纠缠谱线中，传统的不确定关系下限 L_{tra} 通常取为不确定关系等式的下限，则量子控制协助的多体方差不确定关系将会变为等式。对于量子控制协助的多体方差不确定关系，当 $m = 0$ 时，纠缠谱线变为 $\mathcal{L}_m = V(Q_k^A)$；当 $m \geqslant 1$ 时，纠缠谱线变为 $\mathcal{L}_m = \sum_{k=1}^{K} E[V(Q_k^A \mid O_k^1, O_k^2, \cdots, O_k^m)]$。 因此，可以看出，多体纠缠谱线只涉及 $Q_k^A, O_k^1, O_k^2, \cdots, O_k^m$ 测量，其中，$k \in \{1, 2, \cdots, K\}$，也就是说纠缠谱线中所涉及的测量数目与复合系统中子系统的个数成线性关系。因此,包含了 $N+1$ 个 $\mathcal{L}_m$ 的纠缠谱线最多涉及 $O(N^2)$ 个局域测量,即多体纠缠谱线可以很好地应用于具有很多子系统的多体系统。此外,还可以注意到,多体纠缠谱线所涉及的测量数目与系统的维度并没有关系,因此也能很好地应用于高维量子系统。为了突出构造的判据的有效性,其与其他现存的多体纠缠判据的比较,如图 2-7 所示。

$|\psi_n\rangle$	纠缠判据	$n=3$	$n=4$	$n=5$	$n=6$	$n=7$
$|\text{GHZ}_n\rangle$	$\mathcal{J}_n$, $\mathcal{M}_n$, QFI, MERLs	3^*	4^*	5^*	6^*	7^*
$|W_n\rangle$	$\mathcal{J}_n$	3^*	2	2	2	2
$|W_n\rangle$	$\mathcal{M}_n$, QFI	3^*	3	3	3	3
$|C_n^-\rangle$	$\mathcal{J}_n$, $\mathcal{M}_n$	3^*	2	2	2	2
$|C_n^-\rangle$	QFI	3^*	2	3	2	3
$|C_n^0\rangle$	$\mathcal{J}_n$	3^*	2	2	2	2
$|C_n^0\rangle$	$\mathcal{M}_n$	3^*	2	1	1	1
$|C_n^0\rangle$	QFI	3^*	1	1	1	1
$|W_n\rangle$	MERLs	3^*	4^*	5^*	6^*	7^*
$|C_n^-\rangle$	MERLs	3^*	4^*	5^*	6^*	7^*
$|C_n^0\rangle$	MERLs	3^*	4^*	5^*	6^*	7^*

注:$\mathcal{J}_n$ 和 $\mathcal{M}_n$ 表示文献[40,49,50]中构造出来的基于 Bell 不等式的多体纠缠判据,QFI 表示基于 Fisher 信息的多体纠缠判据[51]。$|\text{GHZ}_n\rangle$ 表示包含 n 个子系统的 GHZ 态,$|W_n\rangle$ 表示包含 n 个子系统的 W 态,$|C_n^-\rangle$ 表示包含 n 个子系统的线性簇态,$|C_n^0\rangle$ 表示包含 n 个子系统的循环簇态。带"*"的表示所选的方案可以有效地探测出纠缠结构,如第 3 行第 3 列的"3^*"表示当 3 个粒子处于 $|W_3\rangle$ 时,用 $\mathcal{J}_n$ 可以探测出系统有 3 个粒子处于真纠缠状态,没有带"*"的表示所选的方案不能有效地探测出纠缠结构,如第 3 行第 4 列的"2"表示当 4 个粒子处于 $|W_4\rangle$ 的时候,用 $\mathcal{J}_n$ 可以探测出系统只有两个粒子纠缠在一起。

图 2.7 不同多体纠缠判据方案的比较[34,49]

下面以一个具体的例子来介绍构造的多体纠缠不确定关系。由于技术的限制,在实验上对多体纠缠的研究主要集中在量子比特系统中。然而,超越了二维比特系统的纠缠,如基于三维系统的多体纠缠,则能够携带更多的信息。因此,很多研究都是致力于在实验上制备超越二维系统的多体纠缠态。在 2016 年,Malik 和 Erhard 等人利用光子的角动量首次制备了高维三体纠缠态[52],其中,两个光子处于三维系统,而第三个光子处于两维系统中,记为(3,3,2)型多体纠缠态。随后在 2017 年时,他们构造出了一个真正的(3,3,3)型纠缠的三体 GHZ 态[53]

$$|\psi\rangle = \sqrt{1-2\mu^2}\,|2\rangle_1\,|0\rangle_2\,|0\rangle_3 + \mu\,|-1\rangle_1\,|-1\rangle_2\,|-1\rangle_3 - \mu\,|3\rangle_1\,|1\rangle_2\,|1\rangle_3$$

$$(2.38)$$

式中，$|\,\cdot\,\rangle_i$ 表示第 i 个光子的轨道角动量量子数。通过调节相关的实验参数，μ 可以从 0 变化到 $1/\sqrt{2}$。当 $\mu=1/\sqrt{3}$ 时，量子态 $|\psi\rangle$ 就变成了真正的 GHZ 态。

随着高维多体纠缠态在实验上的成功制备，另外一个不可忽视的问题就产生了，即如何在实验上验证这些量子态。Malik 等人通过测量制备出来的量子态与理想 GHZ 态之间的保真度，验证制备出来的量子态是否为真正的多体纠缠量子态。当测得的保真度小于一个给定的阈值后，就认为它们是真纠缠态。这种方法本质上还是依赖于量子态重构的，因此随着系统维数的增加所需要测量的数目也会急剧的增加。例如，要验证 $(3,3,2)$ 型纠缠需要 162 次测量，而验证 $(3,3,3)$ 型纠缠却需要 219 次测量[52,53]。然而，根据新构造的多体纠缠结构解析器，只需要 $O(N)$ 个测量就可以判断制备出来的量子态是否为真纠缠态，如图 2-8 所示。

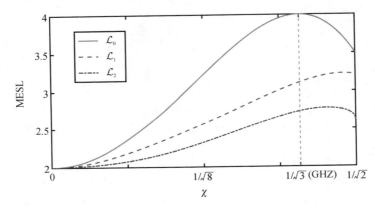

注：不对易的可观测量选为 $Q_1=O_1=J_x$，$Q_2=O_2=J_y$，$Q_3=O_3=J_z$ 和 $Q_4=O_4=J_x+J_y+J_z$。

图 2.8　MERLs 表征 GHZ 态的多体纠缠结构

本节利用上节介绍的基于量子控制的多体条件方差不确定关系，构造了一个多体纠缠结构解析器，该解析器只涉及 $O(N)$ 个不对易局域测量，且测量数目与系统的维数没有关系，因此该方法可以很好地应用于多体高维量子系统。此外，通过与其他多体纠缠判据的比较，新构造的多体纠缠结构解析器能够探测很多其他判据探测不出来的多体纠缠结构，也是说新构造的多体纠缠结构解析器显示出了巨大的优势。

本章小结

量子不确定关系是量子力学和经典力学之间最本质的区别，被广泛地应用于量子信息科学领域。本章首先介绍了构造的一个统一的不确定关系理论体系，该理论体系不仅可以覆盖之间的不确定关系，还能够解决之前不确定关系的缺陷。其次，介绍了构造的一个量子控制协助的多体条件方差不确定关系,成功地解决了多体不确定关系的构造问题。新构造的不确定关系表明:在量子控制和量子多体纠缠的帮助下,可以突破传统不确定关系的下限。最后,介绍了新构造的不确定关系在多体纠缠结构探测领域的应用。

参考文献

［1］Heisenberg W. Über den anschaulichen Inhalt der quantentheoretischen Kinematik und Mechanik[J]. Zeitschrift für Physik,1927,43:172.

［2］Heisenberg W. The Physical Principles of the Quantum Theory[M]. New York:Dover Publications,1930.

［3］Robertson H P. The Uncertainty Principle[J]. Phys. Rev. ,1929,34:163.

［4］Uffink J B M,Hilgevoord J. Uncertainty principle and uncertainty relations [J]. Foundations of Physics,1985,15(9):925-944.

［5］郑晓,马少强,张国锋. 量子不确定关系[J]. 大学物理,2020(012):039.

［6］Maccone L,Pati A K. Stronger Uncertainty Relations for All Incompatible Observables[J]. Physical Review Letters,2014,113:260401.

［7］郑晓,张国锋. 量子不确定关系与噪声-扰动不确定关系的异同[J]. 大学物理,2022,41:7.

［8］Ozawa M. Universally valid reformulation of the Heisenberg uncertainty principle on noise and disturbance in measurement[J]. Phys. Rev. A,2003,67:042105.

［9］Yao Y,Xiao X,Wang X G,et al. Implications and applications of the variance-based uncertainty equalities[J]. Physical Review A,2015,91:062113.

［10］Chen B,Fei S M. Sum uncertainty relations for arbitrary N incompatible observables[J]. Scientific Reports,2015,5:14238.

［11］Song Q C,Qiao C F. A Stronger Multi-observable Uncertainty Relation[J]. Phys. Lett. A,2016,380:2925.

［12］Maity A G,Datta S,Majumdar A S. Tighter Einstein-Podolsky-Rosen steering inequality based on the sum-uncertainty relation[J]. Physical Review A,2017,96:052326.

［13］Mondal D,Bagchi S,Pati A K. Tighter uncertainty and reverse uncertainty relations[J]. Physical Review A,2017,95:052117.

[14] Song Q C, Li J L, Peng G X, et al. A Stronger Multi-observable Uncertainty Relation[J]. Scientific Reports, 2017, 7:44764.

[15] Qin H H, Fei S M, Li-Jost X Q. Multi-observable Uncertainty Relations in Product Form of Variances[J]. Scientific Reports, 2016, 6: 31192.

[16] Zheng X, Ma S Q, Zhang G F, et al. Unified and Exact Framework for Variance-Based Uncertainty Relations[J]. Scientific Reports, 2019, 10: 1.

[17] Sudarshan E C G, Chiu C B, Bhamathi G. Generalized uncertainty relations and characteristic invariants for the multimode states[J]. Physical Review A, 1995, 52: 43.

[18] Wünsche A. Higher-order uncertainty relations[J]. Journal of Modern Optics, 2006, 53(7):931-968.

[19] Ivan J S, Mukunda N, Simon R. Moments of non-Gaussian Wigner distributions and a generalized uncertainty principle: I. The single-mode case[J]. Journal of Physics A Mathematical & Theoretical, 2012, 45(19):195305.

[20] Skala L. Internal structure of the Heisenberg and Robertson-Schrödinger uncertainty relations: Multidimensional generalization[J]. Physical Review A, 2013, 88:042118.

[21] Dodonov V V. Variance uncertainty relations without covariances for three and four observables[J]. Physical Review A, 2018, 97:022105.

[22] Kraus K. Complementary observables and uncertainty relations[J]. Physical Review D Particles & Fields, 1987, 35(10):3070-3075.

[23] Kaniewski J, Tomamichel M, Wehner S. Entropic uncertainty from effective anticommutators[J]. Physical Review A, 2014, 90:012332.

[24] Giovanetti V, Lloyd S, Maccone L. Quantum-Enhanced Measurements: Beating the Standard Quantum Limit[J]. Science, 2004, 306:1330.

[25] Prevedel R, Hamel D R, Colbeck R, et al. Experimental investigation of the uncertainty principle in the presence of quantum memory and its application to witnessing entanglement[J]. Nature Physics, 2011, 7(10):757-761.

[26] Coles P J, Piani M. Improved entropic uncertainty relations and information exclusion relations[J]. Physical Review A, 2014, 89:022112.

[27] Hu M L, Fan H. Quantum-memory-assisted entropic uncertainty principle, teleportation and entanglement witness in structured reservoirs[J]. Physical Review A, 2012, 86(3):9591-9598.

[28] Schneeloch J, Broadbent C J, Walborn S P, et al. Einstein-Podolsky-Rosen

steering inequalities from entropic uncertainty relations[J]. Physical Review A，2013，87：062103.

[29] Walborn S P，Salles A，Gomes R M，et al. Revealing hidden Einstein-Podolsky-Rosen nonlocality[J]. Physical Review Letters，2011，106：130402.

[30] Jarzyna M，Demkowicz-Dobrzański R. True precision limits in quantum metrology[J]. New Journal of Physics，2014，17(1)：013010.

[31] Pati A K，Wilde M M，Usha Devi A R，et al. Quantum discord and classical correlation can tighten the uncertainty principle in the presence of quantum memory[J]. Physical Review A，2012，86：042105.

[32] Hu M L，Fan H. Upper bound and shareability of quantum discord based on entropic uncertainty relations[J]. Physical Review A，2013，88：014105.

[33] Berta M，Christandl M，Colbeck R，et al. The uncertainty principle in the presence of quantum memory[J]. Nat. Phys. ，2010，6：659.

[34] Zheng X，Ma S Q，Zhang G F，et al. Multipartite Entanglement Structure Resolution Analyzer Based on Quantum-Control-Assisted Multipartite Uncertainty Relation[J]. Annalen Der Physik，2021，533：6.

[35] Horodecki R，Horodecki P，Horodecki M，et al. Quantum entanglement[J]. Rev. Mod. Phys，2009，81：865.

[36] Leibfried D，Knill E，Seidelin S，et al. Creation of a six-atom ʹSchrödinger catʹ state[J]. Nature，2005，438：639.

[37] Häffner H，Hänsel W，Roos C F，et al. Scalable multiparticle entanglement of trapped ions[J]. Nature，2005，438：643.

[38] Knips L，Schwemmer C，Klein N，et al. Multipartite Entanglement Detection with Minimal Effort[J]. Physical Review Letters，2016，117：210504.

[39] Lu H，Zhao Q，Li Z D，et al. Entanglement Structure：Entanglement Partitioning in Multipartite Systems and Its Experimental Detection Using Optimizable Witnesses[J]. Phys. Rev. X，2018，8：021072

[40] Zwerger M，Dur W，Bancal J D，et al. Device-Independent Detection of Genuine Multipartite Entanglement for All Pure States[J]. Physical Review Letters，2019，122：060502.

[41] Ketterer A，Wyderka N，Gühne O. Characterizing Multipartite Entanglement with Moments of Random Correlations[J]. Physical Review Letters，2019，122：120505.

[42] Sciara S，Universal C M. Universal N-Partite d-Level Pure-State Entangle-

ment Witness Based on Realistic Measurement Settings[J]. Physical Review Letters，2019，122：120501.

[43] Barreiro J T，Schindler P，Gühne O，et al. Experimental multiparticle entanglement dynamics induced by decoherence[J]. Nat. Phys，2010，6：943.

[44] Blume-Kohout R，Yin J O S，Van Enk S J. Entanglement Verification with Finite Data[J]. Physical Review Letters，2010，105：170501.

[45] Hofmann H F，Takeuchi S. Violation of local uncertainty relations as a signature of entanglement[J]. Physical Review A，2003，68：032103.

[46] Schwonnek R，Dammeier L，Werner R F. State-Independent Uncertainty Relations and Entanglement Detection in Noisy Systems[J]. Physical Review Letters，2017，119：170404.

[47] Gour G，Wallach N R. Classification of Multipartite Entanglement of All Finite Dimensionality[J]. Physical Review Letters，2013，111：060502.

[48] Shang J W，Gühne O. Convex Optimization over Classes of Multiparticle Entanglement[J]. Physical Review Letters，2018，120：050506.

[49] Liang Y C，Rosset D，Bancal J D，et al. Family of Bell-like Inequalities as Device-Independent Witnesses for Entanglement Depth[J]. Physical Review Letters，2015，114：190401.

[50] Lin P S，Hung J C，Chen C H，et al. Exploring Bell inequalities for the device-independent certification of multipartite entanglement depth[J]. Physical Review A，2019，99：062338.

[51] Hyllus P，Laskowski W，Krischek R，Schwemmer C，et al. Fisher information and multiparticle entanglement [J]. Physical Review A，2012，85：022321.

[52] Malik M，Erhard M，Huber M，et al. Multi-photon entanglement in high dimensions[J]. Nat. Photon，2016，10：248.

[53] Erhard M，Malik M，Krenn M，et al. Experimental Greenberger-Horne-Zeilinger entanglement beyond qubits[J]. Nat. Photon，2018，12：759.

第3章 基于耗散的光学非互易

本章是在基于耗散的光学非互易理论研究中取得的进展概述。首先,简要回顾光学非互易的相关研究背景,具体介绍光学非互易的基本概念、实现方式以及应用。光学非互易最传统的实现方法是通过外加磁场,然而基于该方法的非互易器件在小型化与集成化方面的困难极大地限制了实际应用。因此,无磁光学非互易作为新兴的研究课题,成为该领域的研究前沿与热点。其次,介绍基于耗散结合多通道干涉来实现光学非互易的物理机制,并进一步优化干涉模型实现对耗散具有鲁棒性的完美非互易。该研究工作为高性能光学非互易器件的无磁设计提供了可行性思路。

3.1 光学非互易概述

3.1.1 光学非互易的概念

光学非互易是指光沿一个方向通过光学系统后不能沿原路径返回的新奇特性。基于光学非互易的元器件可实现对光信号的单向控制,是光学系统中必不可少的重要元件,在光通信、光信息处理等方面具有重要研究意义[1-3]。常见的光学非互易器件包括光隔离器[1]、光环形器[4,5]和光定向放大器[6]等,可用于实现对信号传输的整流和隔离,避免干涉和保护辐射源,在光学系统小型化、片上集成化方面具有重要应用。此外,由于非互易光场能够抑制背向散射干扰,表现出优异的拓扑性质,因此光学非互易在拓扑光子学[7-9]、手性量子光学[10]等相关学科中也具有重要的研究意义。

根据电磁学理论中的 Lorentz 互易定理,在线性非时变媒介中,当交换两个辐射源的位置且不改变源量时,传输通道的响应是对称的。该定理成立的必要条件还包括介电常数和磁导率的张量(或标量)矩阵必须是对称矩阵。因此,实现光学非互易就必须突破 Lorentz 互易定理的限制。那么 Lorentz 互易定理对实际系统的具体要求是什么呢?以如图 3-1 所示的光学系统为例,假设该系统符合 Lorentz 互易定理的要求,光场通过与系统连接的波导作为端口输入/输出。传输的光场可以用模式振幅来表示,即端口输入的光场模式矢量表示为 $A = (a_1, a_2, \cdots, a_n)$,端口输出的光场模式矢量记为 $B = (b_1, b_2, \cdots, b_n)$,其中,$n$ 为总的端口数。输入与输出光场矢量

满足线性变换关系,其矩阵形式可表示为

$$\boldsymbol{B} = \boldsymbol{SA} \tag{3.1}$$

式中,$\boldsymbol{S}$ 为系统对应的散射矩阵,对角元代表原模式的反射系数,非对角元代表从一个模式变为另一个模式的传输系数。通过进一步将光场模式代入 Lorentz 互易定理,并利用模式间的正交归一性就可以得到,在光学系统中 Lorentz 互易定理成立所对应的散射矩阵 $\boldsymbol{S}$ 满足

$$\boldsymbol{S}^{\mathrm{T}} = \boldsymbol{S} \tag{3.2}$$

因此,光学非互易的实现意味着光学系统的散射矩阵 $\boldsymbol{S}$ 必须是非对称的。

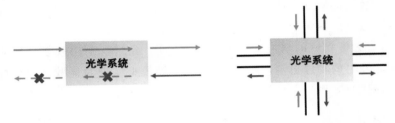

(a) 光学非互易概念示意图　　　(b) 与输入/输出端口连接的光学系统

注:红色和蓝色箭头分别代表输入/输出光场,黑色实线代表连接的波导。

图 3.1　光学非互易示意图

3.1.2　光学非互易的应用

　　基于光学非互易的元器件是光学平台上必不可少的基本元器件,其中,最常见的非互易光器件包括光隔离器、光环形器和光定向放大器等。

　　光隔离器使光场只能单向传输从而抑制反射光进入光源,是几乎所有光路都必须用到的器件[1]。光隔离器是双端口的光学器件,这里的双端口是指连接到器件两端的两对端口,其中每端有一对输入和输出端口。光隔离器的散射矩阵可表示为

$$\boldsymbol{S} = \begin{bmatrix} 0 & 0 \\ 1 & 0 \end{bmatrix} \tag{3.3}$$

　　光环形器可将正向输入光与反向输出光精确分离,是实现光学信号准确控制的关键元件,在微波和光学频率中都具有十分重要的应用[4,5]。例如,在微波频率下,光环形器允许同时通过同一频率信道进行发射和接收,可增加信道容量和降低功耗;在光学频率下,由于光环形器具有插入损耗低,输入和输出信号之间隔离度高等优点,在光通信以及传感和成像领域也具有广泛应用。与光隔离器不同,光环形器是多端口光学器件。对于理想的三端口光环形器,其散射矩阵可表示为

$$S = \begin{bmatrix} 0 & 0 & 1 \\ 1 & 0 & 0 \\ 0 & 1 & 0 \end{bmatrix} \tag{3.4}$$

光定向放大器可实现光场信号的单向放大,保护微弱信号免受读出电子器件噪声的干扰,在经典和量子信息处理领域都有重要的作用[6,11,12]。对于两端口光定向放大器,当考虑从端口 1 入射的信号从端口 2 放大出射,同时确保从端口 2 入射的信号(和噪声)不能从端口 1 输出时,其散射矩阵可表示为

$$S = \begin{bmatrix} 0 & 0 \\ g & 0 \end{bmatrix} \tag{3.5}$$

式中,信号放大系数 $g > 1$。

除了在光路中的广泛应用以外,非互易光器件也广泛应用于电磁学、声学、工程科学及多个交叉学科领域的研究中[2,3]。由于单向传输的光场还具有优异的拓扑性质,近年来非互易光器件也逐渐发展成为拓扑光子学[7-9]、手性光学[10]等相关学科的重要平台,促进了多学科的交叉领域研究。

3.1.3 光学非互易的实现方法

如何突破 Lorentz 互易定理的限制实现光学非互易,一直是光学及相关领域亟待解决的研究难题。光学非互易最传统的实现方法是基于磁光材料的 Faraday 效应,打破时间反演对称性[7,13-15]。然而,由于磁光材料的磁光系数一般较小,实现非互易通常需要外加强磁场。强磁场不仅所需装置大,对器件不利,还易引起对其他信号的干扰,在实际应用于低插入损耗的非互易器件小型化与集成化方面遇到很大的困难[16]。近年来,国内外已有多个研究组针对这一问题开展了深入研究,提出了多种实现光学非互易的无磁方案,如光力相互作用[4,11,17-22]、宇称–时间对称光学腔的非线性效应[23,24]、旋转谐振腔的 Sagnac 效应[25,26]和原子热运动[27-29]等。根据前述的介绍,Lorentz 互易定理的成立要求系统必须满足线性、非时变,以及系统介电常数和磁导率矩阵具有对称性。基于这 3 个要求,可将实现光学非互易的机制对应分为以下 3 类:

1. 引入磁场

打破对称性的典型方法是通过引入外加磁场来实现,其中,最常用的实现机制是基于磁光材料的 Faraday 效应来打破时间反演对称性[8,14,15,30]。由于磁光材料的介电常数会存在不相等的非对角元,则其介电常数矩阵非对称,导致正反向传输不相等,从而实现非互易。基于此效应,可以通过在磁光材料前后添加两个偏振方向不同的偏振片,从而利用旋光效应实现光隔离器。利用磁场实现非互易的核心原理是光的偏转与外加磁场方向有关,与传输方向无关。

2. 非线性

打破线性的典型机制是引入非线性。在一般的线性材料中,材料的介电常数与光场在材料中的传输方向无关。但是,当材料具有非线性时,材料的物理特性会根据在材料中传输的光强发生变化,也就是说材料的介电常数对外加电磁场有依赖关系。基于此效应,可以在非线性材料前后添加光放大器和衰减器来实现光隔离器[31]。除了基于非线性"光开关"来实现非互易的方案[29,33-40]外,近年来许多研究组也提出了包括利用原子热运动[27-29]、宇称–时间对称光学腔的非线性效应[24]、受激Brillouin散射[17,41-44]和手性耦合原子[45-48]等无磁非互易方案。基于非线性实现非互易的核心原理是非线性材料的折射率分布与光的传播方向相关。

虽然基于非线性材料的方案种类丰富,但也受到一些限制,如非线性响应依赖于输入光场特定功率,一般材料的非线性较弱而需要外加强的信号光场。此外,大部分基于非线性的非互易器件还受到"动态互易性"的限制[14,49],即非线性材料对输入光场强信号会产生响应,也会对叠加在输入/输出场上的噪声小信号产生响应,且与噪声信号的方向无关。因此,基于非线性的方法无法完全克制噪声的影响,很难实现完全的非互易。

3. 介电常数的时空调制

打破非时变性的典型机制是基于光学系统介电常数的时空调制[50-53],其基本原理是利用外加信号调制使介电常数在调制下含时变化,打破系统的时间反演对称性,从而实现非互易。该方案虽然早在微波和光学系统中提出,但受限于含时调制对实验技术的高要求,且在实现非互易的性能方面不高,因此并没有受到广泛关注。

得益于近年来有效含时调制系统的小型化与集成化技术的发展[54],在多种物理系统中基于含时调制实现非互易的方案也得到了广泛研究,如基于行波调制、合成角动量调制、直接光子跃迁通道调制和光力耦合调制等。以基于合成角动量调制实现非互易的方案[55]为例,其基本原理是通过对行波进行时空调制,从而诱导等效电子自旋。由于等效电子自旋产生的角动量偏置会使得共振环内反向传播的两个共振态退简并,因此可以在不引入外加磁场的情况下实现非互易。

综上,根据打破Lorentz互易定理的多种机制,人们目前已经在实验上实现了对光学非互易的调控,并应用于光学非互易器件设计。非互易光场的拓扑性质也促进了包括拓扑光子学等在内的相关领域基础研究,特别是近年来对非厄米新奇特性的研究[56-58]。因此,如何发展更多高效、可行的新方案来使光学非互易的实现更简单、对比度更高、传输抗噪能力更强,具有十分重要的研究意义。

3.2　耗散诱导非互易的物理机制

虽然耗散的存在使系统的时间反演对称性被破坏,但是由于耗散存在的情况下光学系统正向和反向的透过率一般没有差别,通常认为耗散不能打破限制下的时间反演对称性,因此其并不能作为产生光学非互易的手段。本节中将介绍利用系统能量耗散结合多通道干涉机制实现光学非互易方案的理论。该方案的主要原理是,由于耗散引起的相位延迟与系统能量传输方向无关,可通过构建并调控多个耗散通道间的干涉结果,实现前向和后向的等效耦合强度不同,从而产生光学非互易。在此基础上,对系统的单向耦合强度进行了优化,发现系统的完全非互易点对应系统的奇异点,且在该点处可实现系统能量的单向传输,并可对能量单向传输效率进行计算优化。该方案不依赖于磁场而是利用系统的能量耗散,具备极强的普适性[59]。

3.2.1　多耗散通道干涉的物理机制

在本节将阐述如何实现并调控多耗散通道干涉机制来产生非互易。考虑的理论模型如图 3-2(a)所示,一列无直接相互作用的系统共振模式 a_m 由多个带有耗散的连接模式 $c_m^{(n)}$ 进行连接,对应第 m 个系统模式 a_m 与第 $m+1$ 个系统模式 a_{m+1} 间存在 N 个耦合通道,其中,$g_{L,m}^{(n)}$ 与 $g_{R,m}^{(n)}$ 是不同模式间的耦合系数。这样的基本模型在许多实际的物理系统(如光学腔体系、超导电路、机械振子、原子系统)中都可以得到实现。

在假设连接模式的耗散速率 $\kappa_m^{(n)}$ 或者共振频率与驱动光场的失谐 $\Delta_m^{(n)}$ 远大于连接模式与系统模式的耦合强度($|g_{L,m}^{(n)}|$,$|g_{R,m}^{(n)}|$)时,便可以通过对连接模式做绝热消除,从而实现系统模式间等效的耗散型耦合,得到只包括系统模式的非厄米 Hamiltonian 为

$$H = -\sum_{m=1}^{M}\left(\Delta_m + i\frac{\gamma_m}{2} + \Omega_m\right)a_m^\dagger a_m + \sum_{m=1}^{M-1}\left(h_\rightarrow a_m^\dagger a_{m+1} + h_\leftarrow a_{m+1}^\dagger a_m\right) \quad (3.6)$$

式中,γ_m 和 Ω_m 分别为系统模式 a_m 的能量耗散速率和引入耗散型耦合对应的共振频率移动与展宽,$h_\rightarrow$ 与 $h_\leftarrow$ 分别为系统模式 a_m 到 a_{m+1} 与系统模式 a_{m+1} 到 a_m 的等效前向与后向系数。除了通过引入多个连接模式来构建系统模式间的多耗散通道外,也可以基于单连接模式的合成频率维度来构建类似的多个等效耦合通道,如图 3-2(b)所示,这里不再赘述具体的推导过程。两模型的区别是:在多连接模式模型中,不同的连接模式对应不同的等效耦合通道;而在单连接模式的合成频率维度模型中,不同的频率组分对应不同的等效耦合通道。通过定义相应的振幅和相位,

等效耦合系数的表达式可写为

$$
\begin{cases}
h_{\rightarrow} = \sum_{n=1}^{N} G_m^{(n)} e^{-i\phi_m^{(n)} - i\theta_m^{(n)}} \\
h_{\leftarrow} = \sum_{n=1}^{N} G_m^{(n)} e^{i\phi_m^{(n)} - i\theta_m^{(n)}}
\end{cases}
\tag{3.7}
$$

可以看出,总的等效耦合系数是每个耦合通道等效耦合系数的叠加。对于第 n 个耦合通道,$G_m^{(n)}$ 定义为该通道的等效耦合强度,耦合相位包括两部分:一部分是随着耦合方向的改变而改变符号的相干型耦合相位 $\phi_m^{(n)}$,另一部分是由于连接模式具有耗散而在构建的耦合通道中会产生的相位 $\theta_m^{(n)}$。值得注意的是,耗散相位 $\theta_m^{(n)}$ 仅取决于连接模式的耗散-失谐比值,与耦合方向无关,因此对于相反的耦合方向耗散相位保持不变。

在定义了耦合通道和对应的强度与相位后,可以分析发现,如果耗散通道数仅为 1,则前向与后向的等效耦合强度相等,即 $|h_{\rightarrow}| = |h_{\leftarrow}|$,代表不存在非互易的能量传递。该结果与之前相关工作[2,3]中耗散不能实现非互易的结论相符合,即耗散的存在虽然可以破坏系统的时间反演对称性,但由于存在耗散的情况下光学系统正向和反向的透过率一般没有差别,通常认为耗散并不能作为产生光学非互易的手段。然而,当多个耗散通道同时存在时,如图 3-2(c)所示,耗散相位的存在使得多通道下前向与后向耦合的干涉性质存在区别。通过调控相干型耦合相位和耗散相位,前向与后向耦合可以实现不同的干涉结果,即对应耦合强度 $|h_{\rightarrow}| \neq |h_{\leftarrow}|$。

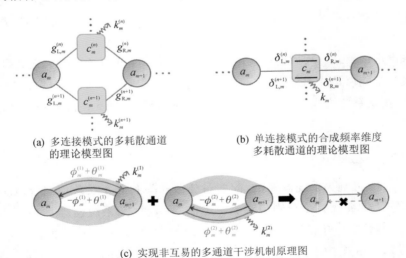

(a) 多连接模式的多耗散通道
的理论模型图

(b) 单连接模式的合成频率维度
多耗散通道的理论模型图

(c) 实现非互易的多通道干涉机制原理图

图 3.2　多耗散通道干涉示意图

3.2.2 光学非互易的实现与调控

本节主要介绍如何实现与调控非互易,并对非互易与非厄米奇异点的关系进行分析。以两个耗散通道为例,为了实现前向或后向耦合系数等于 0,但不能同时为 0 的单向耦合,从耦合系数具体的表达式可知,完全相消干涉需要两条通道的耦合系数振幅相等,即 $G_m^{(1)} = G_m^{(2)} = G$,相位需要满足如下的匹配条件

$$\Delta\phi \mp \Delta\theta = \pi + 2k\pi, \quad \Delta\phi \neq p\pi, \quad \Delta\theta \neq q\pi \tag{3.8}$$

式中,p、q 为整数,$\Delta\phi$、$\Delta\theta$ 分别为两个通道给出的相干耦合相位和耗散相位差,"—""+"对应单向的前向与后向耦合的相位匹配条件。

图 3-3 所示的前向与后向耦合强度随相位差的变化展示了上述方案对非互易的实现与调控。当耗散相位差 $\Delta\theta$ 不取 0 和 π 时,前向与后向耦合强度开始产生区别,对应了非互易的实现。通过定义非互易比值 $|h_\rightarrow|/|h_\leftarrow|$,可以看出,在满足单向耦合的相位匹配条件时,非互易比值达到最大(小)值。此外,通过描绘前向与后向耦合强度对应的参数空间轨迹,可以看出,$\Delta\theta = 0$ 或 π 时对应没有非互易的线性轨迹,$\Delta\theta = \pi/2$ 时对应完全非互易的圆形轨迹,而其他取值时对应部分非互易的椭圆轨迹。

在实现非互易的基础上,下面进一步对单向耦合强度进行优化。如图 3-4(a) 所示,通过改变两通道的耗散相位差 $\Delta\theta$ 可以实现单向前向耦合强度在最大值和最小值之间的调控,如当调节耗散相位差 $\Delta\theta = \pi/2$ 时,单向耦合强度达到最大值 $|h_\rightarrow|_{\max} = 2G$。另外,对于较大范围内 $\Delta\theta$ 的取值,单向前向耦合都可保持较大强度(图 3-4(a) 中阴影区域)。图 3-4(b) 所示为耗散相位差与两条耗散通道的失谐和耗散间的对应关系,其中单向前向耦合强度达到最大值时对应耗散和失谐应满足

$$\frac{\Delta^{(1)}}{\kappa^{(1)}} \frac{\Delta^{(2)}}{\kappa^{(2)}} = -\frac{1}{4} \tag{3.9}$$

图 3-4(c) 所示为 $|h_\rightarrow|$ 随 $\Delta^{(1)}/\kappa^{(1)}$ 和 $\Delta^{(2)}/\kappa^{(2)}$ 变化的等高线图。为了更加直观,图 3-4(d) 中给出了在固定 $\Delta^{(1)}/\kappa^{(1)}$ 两组取值下,$|h_\rightarrow|$ 随 $\Delta^{(2)}/\kappa^{(2)}$ 的变化曲线。可以看出,在很大的参数范围内都可以实现较大的单向耦合强度。

系统的非互易效应还可以从其本征值和本征模式的角度来进行分析。图 3-5 为系统本征值的实部和虚部,以及在取定耗散相位差为 $\Delta\theta = \pi/2$ 下,本征模式对应的展开系数($e_j = \alpha_j a_m + \beta_j a_{m+1}$)随相干型耦合相位差 $\Delta\phi$ 的变化。对于互易的情况($\Delta\phi = 0, \pm\pi$),系统的本征值劈裂达到最大值,本征模式为 a_m 和 a_{m+1} 的等量叠加。随着非互易比值逐渐增大,如调节 $\Delta\phi$ 从 0 到 $\pm\pi/2$,本征值的劈裂开始减小,本征模式朝其中一个系统模式逐渐局域。对于完全非互易,即单向耦合出现的情况,如调节 $\Delta\phi = \pm\pi/2$,系统本征值出现简并,本征模式变成一个,对应系统出现奇异点(Ex-

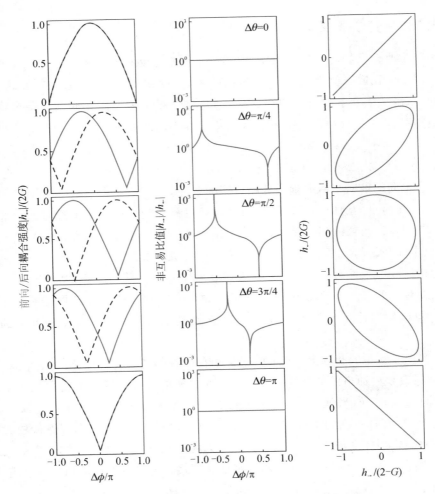

图 3.3　前向与后向耦合强度随相位差的变化

ceptional Point)[60]，其原因体现在单向耦合只能使一个模式保持稳定。具体而言，对于单向前向耦合，即调节 $\Delta\phi=-\pi/2$，能量不可逆地从 a_m 传输到 a_{m+1}，因此 a_{m+1} 此时是稳定的，对应系数 $|\beta_j|=1$。图 3-5 还对比了从原始 Hamiltonian 和绝热消除连接模式后的等效 Hamiltonian 计算的结果，可以看出，两种结果相符合，证明绝热消除近似有效。

3.2.3　能量单向传输

以两模和三模系统为例，在实现系统模式间单向耦合的基础上，通过求解系统模式的 Langevin 方程来得到系统模式在给定初值下振幅随时间的演化，计算结果如图 3-6 所示。在满足单向前向耦合的条件下，能量可以前向传输（$a_1 \rightarrow a_2$，$a_1 \rightarrow a_2 \rightarrow$

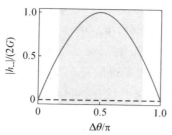

(a) 单向前向耦合强度 $|h_{\to}|$ 随耗散
相位差 $\Delta\theta$ 的变化

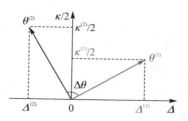

(b) 耗散相位差 $\Delta\theta$ 在系统失谐-耗散
坐标轴下的表示

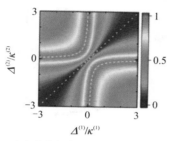

注：白色虚线代表单向耦合强度取最大值
对应的失谐与耗散条件，白色点线对应系
统没有非互易时对应的失谐与耗散取值。

(c) $|h_-|$ 随失谐耗散比变化的等高线图

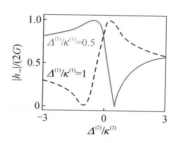

(d) $|h_-|$ 随失谐耗散比的变化

图 3.4   非互易基础上单向耦合强度的优化

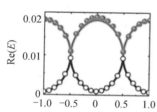

(a) 系统本征值实部随相干型耦合相位差的变化

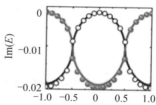

(b) 系统本征值虚部随相干型耦合相位差的变化

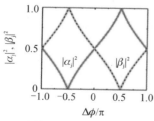

(c) 有效Hamiltonian的系统本征模式
展开系数随相位差的变化

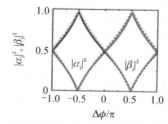

(d) 原始Hamiltonian的系统本征模式
展开系数随相位差的变化

图 3.5   系统本征特征随相位差的变化

a_3),但不能后向传输($a_1 \leftarrow a_2$,$a_1 \leftarrow a_2 \leftarrow a_3$)。同时,图中还对比了绝热消除连接模式后的等效 Hamiltonian(见图 3-6 中红色实线)和原始 Hamiltonian(见图 3-6 中蓝色圆点)给出的结果,可以看出,两者是相符合的,证明了绝热消除近似的有效性。进一步,还可以通过求解系统模式的 Langevin 方程来得到稳态下的传输效率,计算可得传输效率 $T_{\leftrightarrow} \propto |h_{\leftrightarrow}|^2$。通过对稳态传输效率进行优化,可以得到由于耗散的引入,传输效率最大值为 $T_{\leftrightarrow,\max} \approx 0.686$。

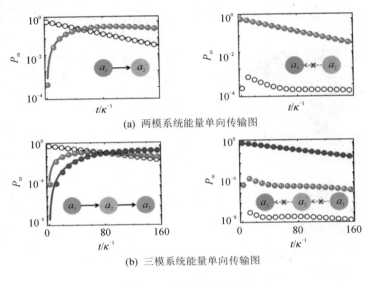

(a) 两模系统能量单向传输图

(b) 三模系统能量单向传输图

图 3.6　能量单向传输图

3.3　调控耗散实现完美非互易的方案

　　虽然近年来许多无磁非互易方案已被提出,但同时实现高对比度和低插入损耗的非互易传输仍然十分困难。本节将介绍调控耗散实现完美非互易(无损、单向的场传输)的新型理论方案[61]。该方案适用于常见的玻色谐振子系统,其基本原理是基于 3.2 节所介绍的模型,由于该模型中每条通道都存在耗散,从而传输效率会受到限制。然而,当利用直接的相干耦合通道来替换其中一条耗散通道时,从最右(左)端模式到最左(右)端模式的后(前)向能量传输,与最左(右)端模式到中间模式的前(后)向传输可以同时实现相消干涉。前一种传输的相消干涉对应非互易对比度为 100% 的单向前(后)向传输,而后一种传输的相消干涉对应能量完全从最左(右)端模式传输到最右(左)端模式,代表此时前(后)向插入损耗为 0。另外,通过增大共振模式的耗散,可以在保持共振点处完美非互易的同时显著增加非互易带宽。该方案为制备高性能的非互易器件提供了新的思路。

3.3.1 双通道干涉的理论模型

考虑的普适双通道干涉模型如图 3−7(a)所示，两个直接耦合的共振模式 a_1、a_2 同时也与一个具有耗散的模式 b 相互作用。为了使耦合环内具有非 0 的耦合相位，考虑 a_1 和 a_2 的相干耦合系数带有非 0 相位因子 $e^{i\theta}$，该相位因子通常可通过引入非线性和含时调制耦合系数相结合来产生。系统的等效 Hamiltonian 可写为

$$H = -\sum_{m=1}^{2}\Delta_m a_m^{\dagger}a_m - \delta b^{\dagger}b + (g_1 a_1 b^{\dagger} + g_r a_2 b^{\dagger} + g_a e^{-i}a_2 a_1^{\dagger}) + H.c. \quad (3.10)$$

式中，Δ_m 和 δ 为各自模式的共振频率相对于泵浦光频率的失谐。为了得到稳态传输效率，可以根据系统 Hamiltonian 对应的 Langevin 方程求解出模式算符频域下的解。系统的输入输出关系可写为

$$\boldsymbol{v}_{out}(\omega) = \boldsymbol{S}(\omega)\,\boldsymbol{v}_{in}(\omega) \quad (3.11)$$

式中，$\boldsymbol{S}$ 为散射矩阵，其非对角元对应给出能量的前向($a_1 \rightarrow a_2$)和后向($a_1 \leftarrow a_2$)传输效率分别为

$$T_{\rightarrow} = |\boldsymbol{S}_{21}(\omega)|^2 = \gamma_1\gamma_2|\boldsymbol{C}_1|^2, \quad T_{\leftarrow} = |\boldsymbol{S}_{12}(\omega)|^2 = \gamma_1\gamma_2|\boldsymbol{A}_2|^2 \quad (3.12)$$

上述中的系数满足

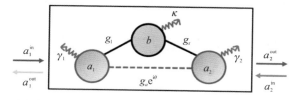

(a) 共振模式a_1和a_2同时与具有耗散的模式b进行耦合的理论模型图

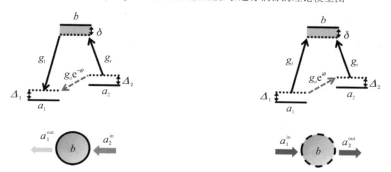

(b) 单向传输机制时用于实现完美非互易的 双通道干涉模型的能量表象

(c) 无损传输机制时用于实现完美非互易的 双通道干涉模型的能量表象

图 3.7 双通道干涉模型示意图

$$C_1 \propto (g_1 g_r + g_a \mid \Omega_b \mid e^{i(\theta + \phi_b)}), \quad A_2 \propto (g_1 g_r + g_a \mid \Omega_b \mid e^{i(-\theta + \phi_b)})$$

式中，$\Omega_b = \delta + \omega + i\kappa/2$ 是耗散模式 b 的等效共振频率。从传输效率的表达式可以看出，能量从端口 $a_1(a_2)$ 输入后可以从直接耦合通道和由耗散模式 b 诱导形成的间接耦合通道传输到 $a_2(a_1)$。除了非 0 的耦合相位 θ 外，模式 b 上不为 0 的能量耗散会在间接传输通道 $(a_1 \leftrightarrow b \leftrightarrow a_2)$ 上引入额外的相位延迟 ϕ_b。由于耗散相位 ϕ_b 与能量传输方向无关，直接和间接通道就可以通过相位调控实现不同的前向和后向传输干涉结果，从而对应前向与后向不同的传输效率，实现非互易的能量传输。

3.3.2　完美非互易的实现与调控

本小节介绍如何在实现单向传输的基础上进一步实现无损的单向传输。与 3.3.1 节的介绍类似，单向传输所对应的物理过程如图 3－7(b)所示，通过调控直接传输通道 $(a_2 \to a_1)$ 和间接传输通道 $(a_2 \to b \to a_1)$ 之间的相消干涉，就可以阻断能量从 a_2 到 a_1 的传输，从而实现能量的单向传输。在此基础上，完美非互易还需要满足：从相反方向输入的光场可以无插入损耗地传输至输出端口。因此，实现完美非互易对应着建立等效的单向、无损能量传输通道，即 $T_\rightarrow = 1$，$T_\leftarrow = 0$（或 $T_\leftarrow = 1$、$T_\rightarrow = 0$）。为了实现无损的前向传输（$T_\rightarrow = 1$），如图 3－7(c)所示，调控光场从输入模式到中间模式的两条传输通道（$a_1 \to b$ 和 $a_1 \to a_2 \to b$）发生相消干涉，即对于前向传输而言，模式 b 没有能量占据，说明中间模式在前向传输中是等效透明的。求解完美非互易必需的隐藏条件为从输入模式 $a_1(a_2)$ 到中间模式 b 的两条传输通道发生相消干涉。结合上述两个条件，就可以严格求解出实现完美非互易时耦合强度与相位需要满足的条件，即

$$g_1 = \sqrt{\mid \Omega_a^{(1)} \Omega_b \mid}, \quad g_r = \sqrt{\mid \Omega_a^{(2)} \Omega_b \mid}, \quad g_a = \sqrt{\mid \Omega_a^{(1)} \Omega_a^{(2)} \mid}$$
$$\theta \mp \phi = (2k+1)\pi \quad (\theta \neq p\pi, \phi \neq q\pi) \tag{3.13}$$

式中，k、p、q 为整数，耗散相位满足 $\phi = \phi_a = \phi_b$，完美前（后）向非互易对应相位匹配条件中的负（正）号。

单向前向传输条件下，前向（蓝色实线）与后向（红色点线）传输效率随耦合强度比的变化关系如图 3－8(a)所示，其中，为了简便计算，假设了 $g = g_1 = g_r$，可以得到 $T_\leftarrow = 0$。如图 3－8(b)所示，当定义前向与后向传输效率的差为非互易对比度时，该值在任意耦合强度比下都可以达到 100%。当调控耦合强度满足完美前向非互易的条件，即 $g_a/g = 1$ 时，$T_\rightarrow = 1$，表明能量在系统中单向前向传输时的插入损耗为 0。从图 3－8(c)所示实现完美非互易的干涉机制可以看出，当调节耦合相位满足相位匹配条件时，$T_\rightarrow = 1$（蓝色实线）和 $T_\leftarrow = 0$（红色点线）可以同时实现。从图 3－8(d)可以对完美非互易的实现机制进行理解：除了从 a_2 到 a_1 的后向传输发生相消干涉外，从 a_1 到中间模式 b 的直接（$a_1 \to b$）和间接传输（$a_1 \to a_2 \to b$）也发生了相消干涉，

从而保证了从 a_1 输入的光场在中间模式 b 上没有能量占据（蓝色实线），表明前向能量传输是无损的。当考虑从 a_2 输入的光场时，调节耦合相位可以实现双通道的相消干涉，此时中间模式 b 上无能量占据（红色点线），对应了完美后向非互易。

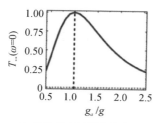
(a) 传输效率随耦合强度比的变化

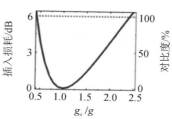
(b) 插入损耗和非互易对比度随耦合强度比的变化

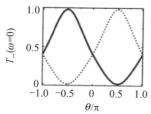
(c) 传输效率随耦合相位 θ 的变化

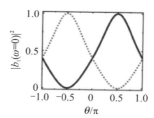
(d) 中间模式 b 的能量占据随耦合相位 θ 的变化

注：图中蓝色实线表示前向，红色点线表示后向。

图 3.8　完美非互易的实现

如图 3-9(a)所示，可以通过将耗散相位表示为共振模式失谐和耗散的函数，作出单向前向传输条件下，$T_\rightarrow$ 随失谐耗散比的变化曲线。这里为了计算简便，假设两个系统模式的失谐和耗散对应相等。可以看到，实现单向无损传输需要调节所有的失谐耗散比相等，即 $\Delta/\gamma=\delta/\kappa$，如图 3-9(a)中白色虚线所示。另外，从图 3-9(b)可以看出，传输的插入损耗在很大的失谐耗散比区间内都保持在 3 dB 以下。

3.3.3　耗散对完美非互易的影响

本节所述方案的主要优势是基于其产生的完美非互易对耗散具有鲁棒性。这一点可以从实现完美非互易所需的耦合强度和相位匹配条件来进行理解。考虑共振点的情况，当假设失谐为 0 时，耦合强度所需满足的条件为 $g=\sqrt{\gamma\kappa}/2,g_a=\gamma/2$。因此，随着共振模式能量耗散的增大，总可以根据这个条件在增大耦合强度的同时，保证单向传输的插入损耗为 0。为了更直观地理解完美非互易对耗散的鲁棒性，在图 3-10(a)中给出了单向前向传输的插入损耗和耦合强度随能量耗散率 γ 变化的曲线。可以看到，在增大能量耗散率 γ 的过程中，可以通过优化耦合强度（红色曲

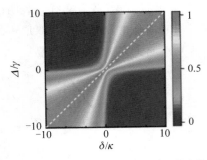
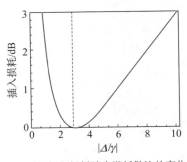

(a) 单向前向传输效率随失谐耗散比的变化　　(b) 插入损耗随失谐耗散比的变化

图 3.9　单向传输效率和插入损耗随失谐变化

线)来满足相应的匹配条件,使单向前向传输的插入损耗一直保持为 0,这也表明方案实现的完美非互易对耗散具有鲁棒性。进一步通过定义频谱函数 $I(\omega)=T_{\rightarrow}(\omega)$ $-T_{\leftarrow}(\omega)$,可以计算耗散与非互易带宽之间的关系,如图 3-10(b)所示,可以看出,非互易带宽随着耗散率 γ 的增大而线性增加,并达到其最大值。

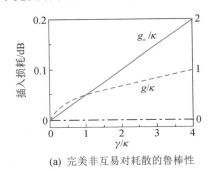
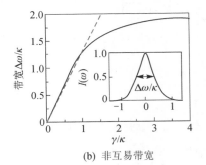

(a) 完美非互易对耗散的鲁棒性　　　　　(b) 非互易带宽

图 3.10　非互易鲁棒性展示

本章小结

　　光场非互易使光单向传输不能沿原路径返回,可实现对光信号的定向操控。同时,单向光场也具有丰富的拓扑性质。本章在回顾光学非互易研究背景的基础上,介绍了基于系统能量耗散实现光学非互易理论方案,及进一步优化干涉机制实现对耗散有鲁棒性的完美非互易方案,上述方案为实现低损耗的非互易光场传输提供了新的思路。

　　近年来,无磁光学非互易的研究已发展成为该领域的研究热点。人们基于不同的光学系统,提出了多种实现光学非互易的无磁方案,虽然方式多样,但不同的方式也有各自的局限。因此,如何发展更多高效、可行的新型方案来使光学非互易的实现更简单、性能获得更大提升具有十分重要的研究意义,相关研究也为光场的定向操控、新型非互易器件设计等方面的研究提供新的可行思路。

参考文献

[1] Jalas D. , Petrov A. , Eich M. , et al. What is-and what is not-an optical isolator[J]. Nature Photonics, 2013,7:579-582.

[2] Asadchy V S, Mirmoosa M S, Diaz-Rubio A, et al. Tutorial on Electromagnetic Nonreciprocity and its Origins[J]. Proceedings of the IEEE, 2020, 108: 1684-1727.

[3] Caloz C, Alù A, Tretyakov S, et al. Electromagnetic Nonreciprocit[J]. Physical Review Applied, 2018, 10:047001.

[4] Barzanjeh S, Wulf M, Peruzzo M, et al. Mechanical on-chip microwave circulator[J]. Nature Communications, 2017, 8:953.

[5] Kamal A, Clarke J, Devoret M H. Noiseless non-reciprocity in a parametric active device[J]. Nature Physics, 2011, 7:311.

[6] Malz D, Tóth L, Bernier N R, et al. Nonreciprocal reconfigurable microwave optomechanical circuit[J]. Physical Review Letters, 2018, 120:023601.

[7] Haldane F D M, Raghu S. Possible Realization of Directional Optical Waveguides in Photonic Crystals with Broken Time-Reversal Symmetry[J]. Physical Review Letters, 2008, 100(1):013904.

[8] Wang Z, Chong Y, Joannopoulos J D, et al. Observation of unidirectional backscattering-immune topological electromagnetic states[J]. Nature, 2009, 461:772-775.

[9] Bliokh K Y, Smirnova D, Nori F. Quantum spin Hall effect of light[J]. Science, 2015, 348(6242):1448-1451.

[10] Lodahl P, Mahmoodian S, Stobbe S, et al. Chiral quantum optics[J]. Nature, 2017, 541(7638):473-480.

[11] Metelmann A, Clerk AA. Nonreciprocal Photon Transmission and Amplification via Reservoir Engineering[J]. Physical Review X, 2015, 5:021025.

[12] Clerk A A, Girvin S M, Marquardt F, et al. Introduction to Quantum Noise,

Measurement and Amplification [J]. Reviews of Modern Physics, 2008, 82:1155.

[13] Hadad Y, Steinberg B Z. Magnetized Spiral Chains of Plasmonic Ellipsoids for One-Way Optical Waveguides [J]. Physical Review Letters, 2010, 105:233904.

[14] Khanikaev A B, Mousavi S H, Shvets G, et al. One-Way Extraordinary Optical Transmission and Nonreciprocal Spoof Plasmons [J]. Physical Review Letters, 2010, 105:126804.

[15] Bi L, Hu J, Jiang P, et al. On-chip optical isolation in monolithically integrated non-reciprocal optical resonators [J]. Nature Photonics, 2011, 5: 758-762.

[16] Dai D, Bauters J, Bowers J E. Passive technologies for future large-scale photonic integrated circuits on silicon: polarization handling, light non-reciprocity and loss reduction[J]. Light Science & Applications, 2012, 1(3):500-505.

[17] Kim J, Kuzyk M C, Han K, et al. Non-reciprocal Brillouin scattering induced transparency[J]. Nature Physics, 2015, 11:275-280.

[18] Shen Z, Zhang Y L, Chen Y, et al. Experimental realization of optomechanically induced non-reciprocity[J]. Nature Photonics, 2016, 10:657-661.

[19] Ruesink F, Miri M A, Alù A, et al. Nonreciprocity and magnetic-free isolation based on optomechanical interactions[J]. Nature Communications, 2016, 7:13662.

[20] Peterson G A, Lecocq F, Cicak K, et al. Demonstration of Efficient Nonreciprocity in a Microwave Optomechanical Circuit[J]. Physical Review X, 2017, 7:031001.

[21] Fang K, Luo J, Metelmann A, et al. Generalized non-reciprocity in an optomechanical circuit via synthetic magnetism and reservoir engineering[J]. Nature Physics, 2017, 13:465.

[22] Xu H, Jiang L, Clerk A A, et al. Nonreciprocal control and cooling of phonon modes in an optomechanical system[J]. Nature, 2019, 568:65-69.

[23] Peng B, Özdemir Ş K, Lei F, et al. Parity – time-symmetric whispering-gallery microcavities[J]. Nature Physics, 2014, 10:394-398.

[24] Chang L, Jiang X, Hua S, et al. Parity – time symmetry and variable optical isolation in active – passive-coupled microresonators[J]. Nature Photonics, 2014, 8:524-529.

［25］Maayani S, Dahan R, Kligerman Y, et al. Flying couplers above spinning resonators generate irreversible refraction[J]. Nature, 2018, 558:569-572.

［26］Huang R, Miranowicz A, Liao J Q, et al. Nonreciprocal Photon Blockade, Physical Review Letters[J]. 2018, 121:153601.

［27］Xia K, Nori F, Xiao M. Cavity-Free Optical Isolators and Circulators Using a Chiral Cross-Kerr Nonlinearity［J］. Physical Review Letters, 2018, 121:203602.

［28］Zhang S, Hu Y, Lin G, et al. Thermal-motion-induced non-reciprocal quantum optical system[J]. Nature Photonics, 2018, 12:744-748.

［29］Liang C, Liu B, Xu A N, et al. Collision-Induced Broadband Optical Nonreciprocity[J]. American Physical Society, 2020, 125:123901.

［30］Shoji Y, Mizumoto T, Yokoi H, et al. Magneto-optical isolator with silicon waveguides fabricated by direct bonding[J]. Applied Physics Letters, 2008, 92(7):351.

［31］Khurgin J B. Non-reciprocal propagation versus non-reciprocal control[J]. Nature Photonics, 2020, 14:711-711.

［32］Liang B, Guo X S, Tu J, et al. An acoustic rectifier[J]. Nature Materials, 2010, 9:989-992.

［33］Guo X, Zou C L, Jung H, et al. On-Chip Strong Coupling and Efficient Frequency Conversion between Telecom and Visible Optical Modes[J]. Physical Review Letters, 2016, 117:123902.

［34］Fan L, Wang J, Varghese L T, et al. An All-Silicon Passive Optical Diode[J]. Science, 2012, 335:447-450.

［35］Shadrivov I V, Bliokh K Y, Bliokh Y P, et al. Bistability of Anderson Localized States in Nonlinear Random Media[J]. Physical Review Letters, 2010, 104(12):123902.

［36］Mahmoud A M, Davoyan A R, Engheta N. All-passive nonreciprocal metastructure[J]. Nature Communications, 2015, 6:8359.

［37］Bino L D, Silver J M, Woodley M T M, et al. Microresonator isolators and circulators based on the intrinsic nonreciprocity of the Kerr effect[J]. Optica, 2018, 5:279-282.

［38］Yang K Y, Skarda J, Cotrufo M, et al. Inverse-designed non-reciprocal pulse router for chip-based LiDAR[J]. Nature Photonics, 2020, 14:369-374.

［39］Cao Q T, Liu R, Wang H, et al. Reconfigurable symmetry-broken laser in a symmetric microcavity[J]. Nature Communications，2020，11：1136.

[40] Hua S，Wen J，Jiang X，et al. Demonstration of a chip-based optical isolator with parametric amplification[J]. Nature Communications，2016，7：13657.

[41] Bashan G，Diamandi H H，London Y，et al. Forward stimulated Brillouin scattering and opto-mechanical non-reciprocity in standard polarization maintaining fibres[J]. Light Science & Applications，2021，10：119.

[42] Zeng X，Russell P S J，Wolff C，et al. Nonreciprocal vortex isolator via topology-selective stimulated Brillouin scattering[J]. Science Advances，2022，8：eabq6064.

[43] Dong C H，Shen Z，Zou C L，et al. Brillouin-scattering-induced transparency and non-reciprocal light storage[J]. Nature Communications，2015，6：6193.

[44] Merklein M，Stiller B，Vu K，et al. On-chip broadband nonreciprocal light storage[J]. Nanophotonics，2020，10：75-82.

[45] Sayrin C，Junge C，Mitsch R，et al. Nanophotonic Optical Isolator Controlled by the Internal State of Cold Atoms[J]. Physical Review X，2015，5：041036.

[46] Söllner I，Mahmoodian S，Hansen S L，et al. Deterministic photon-emitter coupling in chiral photonic circuits[J]. Nature Nanotechnology，2015，10：775-778.

[47] Rosenblum S，Bechler O，Shomroni I，et al. Extraction of a single photon from an optical pulse[J]. Nature Photonics，2016，10：19-22.

[48] Scheucher M，Hilico A，Will E，et al. Quantum optical circulator controlled by a single chirally coupled atom[J]. Science，2016，354：1577-1580.

[49] Shi Y，Yu Z，Fan S. Limitations of nonlinear optical isolators due to dynamic reciprocity[J]. Nature Photonics，2015，9：388-392.

[50] Yu Z，Fan S. Complete optical isolation created by indirect interband photonic transitions[J]. Nature Photonics，2009，3：91-94.

[51] Fang K，Yu Z，Fan S. Photonic Aharonov-Bohm Effect Based on Dynamic Modulation[J]. Physical Review Letters，2012，108：153901.

[52] Lira H，Yu Z，Fan S，et al. Electrically Driven Nonreciprocity Induced by Interband Photonic Transition on a Silicon Chip[J]. Physical Review Letters，2012，109：033901.

[53] Sounas D L，Alù A. Non-reciprocal photonics based on time modulation[J]. Nature Photonics，2017，11：774-783.

[54] Xu Q, Schmidt B, Pradhan S, et al. Micrometre-scale silicon electro-optic modulator[J]. Nature, 2005, 435:325-327.

[55] Estep N A, Sounas D L, Soric J, et al. Magnetic-free non-reciprocity and isolation based on parametrically modulated coupled-resonator loops[J]. Nature Physics, 2014, 10:923-927.

[56] Yao S, Wang Z. Edge States and Topological Invariants of Non-Hermitian Systems[J]. Physical Review Letters, 2018, 121:086803.

[57] Lee C H, Thomale R. Anatomy of skin modes and topology in non-Hermitian systems[J]. Physical Review B, 2019, 99:201103.

[58] Li L, Lee C H, Gong J. Topological Switch for Non-Hermitian Skin Effect in Cold-Atom Systems with Loss[J]. Physical Review Letters, 2020, 124:250402.

[59] Huang X, Lu C, Liang C, et al. Loss-induced nonreciprocity[J]. Light Science & Applications, 2021, 10:30.

[60] Feng L, El-Ganainy R, Ge L. Non-Hermitian photonics based on parity – time symmetry[J]. Nature Photonics, 2017, 11:752-762.

[61] Huang X, Liu Y C. Perfect nonreciprocity by loss engineering[J]. Physical Review A, 2023, 107:023703.

第 4 章　量子速度极限时间

    本章是对量子速度极限时间研究所取得的新进展概述。首先,介绍了量子速度极限时间的相关基本知识。其次,重点阐述了在双量子比特系统中通过关联噪声信道(振幅阻尼、相位阻尼和去极化)实现量子动力学加速的基本原理和最新成果。通过调整信道的关联参数和初始纠缠,提出了一种针对特定信道加快系统演化速度的方法。结果表明,在振幅阻尼信道和去极化信道中,通过增加信道的关联度和系统的初始纠缠,在某些情况下可以缩短量子速度极限时间,这与相位阻尼通道形成鲜明对比。特别是在去极化信道下,可以通过改变信道的关联强度来实现系统从无加速演化到加速演化的转变。最后,作为初步研究,还介绍了在 Schwarzschild 时空一些典型的噪声信道中,Hawking 效应对系统演化速度的影响。结果表明,对于初始纠缠态,系统在退极化、比特翻转信道中的演化速度随着 Hawking 温度的升高而增强,这与相位翻转信道形成鲜明对比。此外,除相位翻转信道外,其他噪声信道均存在最优初始纠缠,使系统的量子速度极限时间最小,从而使系统的演化速度达到最大。

4.1　量子速度极限时间概述

    如何在最小演化时间内将量子系统的初始状态驱动到目标状态是量子物理的一个基本而重要的问题[1-9]。量子速度极限时间(QSLT)定义了量子系统两个给定状态之间的最小演化时间。它设定了量子信息处理的最大速率[1]、量子信息通信的最大速率[10]、量子熵产生的最大速率[11]、量子最优控制算法收敛的最短时间尺度[8,12-14],并确定了光谱形状因子[15]。此外,QSLT 与量子计量、量子计算等领域密切相关[16-18]。例如,一个经典计算无法解决的实际问题,通过量子加速的量子模拟可以得到解决[16]。最初,对于幺正演化的封闭系统,QSLT 是通过统一 Mandelstamm – Tamm(MT)型界和 Margolus – Levitin(ML)型界得到的[19-22]。由于量子系统不可避免地与环境相互作用,系统演化时间的界限(包括 MT 和 ML 类型),也被制定为开放系统的演化时间界[23-29]。更具体地说,研究人员提出了三种独立的方法来量化噪声信道中系统的最大量子速度。Taddei 等[28]用量子 Fisher 信息找到了一个表达式来量化系统在典型噪声信道中的量子速度;Campo 等[30]对相对纯度的变化率进行了定界,以提供开放系统动力学下的演化速度;Deffner 和 Lutz[31]推导了任意驱动开放量子系统最小演化时间的 ML 型界。这些结果引起了人们对 QSLT 进一步研究的兴趣,使对它的研究得到进一步的推广。例如,寻找 QSLT 更紧的下界,并将其推广到相对论的情况,许多理论研究者在相对论的背景下考虑了系统的动力学演化行为[32-38]。特别是 Hawking 效应对量子纠缠[39,40]、量子不和谐[41]等一些信息量[42]有着重要的影响。Haseli 等[43]研究了 Schwarzschild 时空中单量子位系统的 QSLT,并展示了视界外固定距离 r_0 对系统 QSLT 的影响。值得注意的是,对 Schwarzschild 时空中 QSLT 的研究主要集中在初始单量子比特(即初始无纠缠态)上。

近年来,在分析环境对开放量子系统的影响方面也取得了一些显著进展。研究人员关注环境对开放系统影响的两个方面:量子态之间的转换和耗散、纯退相干环境引起的相干损失[44-46]。例如,对非平衡环境下量子系统的动力学加速[47]的研究。在纯相位阻尼信道中考虑了自旋变形玻色模型的退相干速度极限和非线性环境的影响[48]。通过对耗散两能级系统动力学的研究,证明了非 Markov 性和系统环境束缚态的形成加速了量子态的演化速度[49-51]。此外,通过控制独立振幅阻尼信道的数量,可以实现给定 n 量子比特纠缠态的加速演化[52]。上述研究主要集中在通过不关联信道的量子比特序列上,而忽略了多个量子信道使用之间的相关性。然而,当量子信道中的传输速率增加时,量子信道的关联效应是不可避免的,这可以在低频噪声的量子硬件中进行实验探索。因此,量子关联信道近年来引起了研究人员的广泛关注。关联量子信道的一些研究主要集中在 Pauli 信道、自旋链、碰撞模型和微脉塞模型。下面主要介绍系统在关联噪音信道中的量子动力学加速过程,并重点讨论信道关联度对 QSLT 的影响。

4.2　关联噪声信道中的量子动力学加速

4.2.1　关联量子信道与 QSLT

本节首先概述两种不同类型的量子信道,即无记忆信道和记忆信道。对于无记忆信道(不关联信道),量子信道在每个量子系统上的作用相同且独立。更具体地说,连续使用 N 次的量子信道 ε 服从 $\varepsilon_N = \varepsilon^{\otimes N}$。然而,在现实中,信道在一组量子系统上的连续使用之间可能存在相关性,因此信道依赖于每个信道输入,则 $\varepsilon_N \neq \varepsilon^{\otimes N}$。这样的信道被称为记忆信道(关联信道)。

为了简单起见,考虑量子信道的两种用法。当给定系统的初始状态 ρ_0,则可以得到输出状态为

$$\rho = \sum_{i_1 i_2} E_{i_1 i_2} \rho_0 E_{i_1 i_2}^\dagger \tag{4.1}$$

式中,$E_{i_1 i_2} = \sqrt{p_{i_1 i_2}} B_{i_1} \otimes B_{i_2}$ 为信道的 Kraus 算子,且满足完备性关系,即 $\sum_{i_1 i_2} p_{i_1 i_2} = 1$,这里 $p_{i_1 i_2}$ 代表联合概率。对于不关联的信道,这些操作 $B_{i_1} \otimes B_{i_2}$ 是独立的,因此导致 $p_{i_1 i_2} = p_{i_1} p_{i_2}$。然而,对于关联信道,这些操作是时间相关的。Macchiavello 和 Palma 提出了这样一个模型,其联合概率可表示为

$$p_{i_1 i_2} = (1 - \mu) p_{i_1} p_{i_2} + \mu p_{i_1} \delta_{i_1 i_2} \tag{4.2}$$

式中,$\mu \in [0, 1]$ 表示信道性能中的经典关联程度,当 $\mu = 0$ 时,该模型描述信道的独立应用;而当 $\mu = 1$ 时,信道的应用变得完全相关。实际上,参数 μ 与环境的相关函数有关。具有部分相关的信道的两次连续使用的 Kraus 算子为

$$E_{i_1 i_2} = \sqrt{p_{i_1} [(1 - \mu) p_{i_2} + \mu \delta_{i_1 i_2}]} B_{i_1} \otimes B_{i_2} \tag{4.3}$$

通过以上描述,将连续两次关注噪声信道(即振幅阻尼、相位阻尼和去极化信道)。基于 Kraus 算子方法,对于任意初始状态 ρ_0,系统在相关噪声信道中的最终状态可表示为

$$\rho = (1 - \mu) \sum_{i_1 i_2} E_{i_1 i_2} \rho_0 E_{i_1 i_2}^\dagger + \mu \sum_k E_{kk} \rho_0 E_{kk}^\dagger = (1 - \mu) \varepsilon_{un} + \mu \varepsilon_{co} \tag{4.4}$$

式中,ε_{un} 表示不关联信道,ε_{co} 表示关联信道。式(4.4)表明,相同的操作以 μ 的概率应用于两个量子比特,而不同的操作以 $(1 - \mu)$ 的概率应用于两个量子比特。

接下来,为了研究系统的动力学演化速度,需要从开放量子系统的 QSLT 的定义开始。QSLT 可以有效地定义任意初始状态的最小演化时间边界,有助于分析开放量子系统的最大演化速度。Deffner 和 Lutz[31]推导出了量子速度极限时间的统一下界,该下界由初始状态 ρ_0 和目标状态 ρ_{τ_D} 决定。利用 Von Neumann 迹不等式和 Cauchy - Schwarz 不等式,量子速度极限时间可以表示为

$$\tau_{QSL} = \max \left\{ \frac{1}{\Lambda_{\tau_D}^1}, \frac{1}{\Lambda_{\tau_D}^2}, \frac{1}{\Lambda_{\tau_D}^\infty} \right\} \sin^2 [B(\rho_0, \rho_{\tau_D})] \tag{4.5}$$

式中,$\Lambda_{\tau_D}^l = \tau_D^{-1} \int_0^{\tau_D} \|\dot{\rho}_t\|_l \, dt$,$\|\Lambda\| = (\sigma_1^l + \cdots + \sigma_n^l)^{1/l}$ 表示 Schatten 1 范数,$\sigma_1, \sigma_2, \cdots,$ σ_n 为 Λ 的奇异值,τ_D 为驱动时间;$B(\rho_0, \rho_{\tau_D}) = \arccos \sqrt{\langle \phi_0 | \rho_{\tau_D} | \phi_0 \rangle}$ 为量子系统初始态与目标态之间的 Bures 角;在文献[31]中 $\Lambda_{\tau_D}^1$、$\Lambda_{\tau_D}^2$、$\Lambda_{\tau_D}^\infty$ 分别对应 Λ_τ^{tr},Λ_τ^{hs},Λ_τ^{op}。基于非幺正发生器的算子范数($l = \infty$,即 $\Lambda_{\tau_D}^\infty = \tau_D^{-1} \int_0^{\tau_D} \max[\sigma_1, \sigma_2, \cdots, \sigma_n] dt$),ML 型界提供了 QSLT 上的最紧致界[31]。因此,对于初始纯态,使用这种 ML 型约

束来证明从初始状态 ρ_0 到目标状态 ρ_{τ_D} 的动力学演化的 QSLT。但是,对于混合初始状态,式(4.5)是不可行的。幸运的是,基于相对纯度以及 Von Neumann 迹不等式和 Cauchy – Schwarz 不等式,已经推导出了开放量子系统中任意初始态的 QSLT 的统一下界,包括 MT 和 ML 类型[25],可表示为

$$\tau_{\text{QSL}} = \max\left\{\frac{1}{\sum\limits_{i=1}^{n}\sigma_i\rho_i}, \frac{1}{\sqrt{\sum\limits_{i=1}^{n}\sigma_i^2}}\right\} \mid f_{\tau+\tau_D} - 1\mid \text{Tr}(\rho_\tau^2) \tag{4.6}$$

式中,$\overline{X} = \tau_D^{-1}\int_\tau^{\tau+\tau_D} X\,\mathrm{d}\tau$,$\sigma_i$ 和 ρ_i 分别为 $\dot{\rho}_t$ 和 ρ_τ 的奇异值,$f_{\tau+\tau_D} = \text{Tr}[\rho_{\tau+\tau_D}\rho_\tau]/\text{Tr}(\rho_\tau^2)$ 表示初始状态 ρ_τ 和最终状态 $\rho_{\tau+\tau_D}$ 随驱动时间 τ_D 的相对纯度。对于纯初始态,奇异值 $\rho_i = \delta_{i,1}$,则 $\sum\limits_{i=1}^{n}\sigma_i\rho_i = \sigma_1 \leqslant \sqrt{\sum\limits_{i=1}^{n}\sigma_i^2}$。 式(4.6)恢复了文献[31]中得到的 QSLT 的统一界。然后,根据文献[53],$\tau_{\text{QSL}}/\tau = 1$ 意味着量子系统演化已经沿着最快的路径,不具备进一步量子加速的潜在能力;而在 $\tau_{\text{QSL}}/\tau < 1$ 的情况下,量子系统可能发生加速演化,且 τ_{QSL}/τ 越短,潜在加速的能力越大。

4.2.2　关联噪声信道中的 QSLT

首先,通过确定实际演化时间 τ,利用 ML 型约束计算从初始状态 ρ_0 到最终状态 ρ_τ 的动力学演化的 QSLT。其次,由于量子信道的多种用途之间的相关性在实验中是不可避免的,主要讨论关联性的存在如何比不关联的信道更有利于量子态的加速。此外,还考虑初始纠缠对量子态演化速度的影响。下面主要从振幅阻尼、相位阻尼和去极化阻尼三个基本信道来研究上述问题。

1. 关联振幅阻尼信道中的量子加速

振幅阻尼信道描述了弛豫过程(如原子的自发发射),系统从激发态 $|1\rangle$ 衰减到基态 $|0\rangle$。可以得到单个量子比特的 Kraus 算子为

$$B_{i_1} = \begin{bmatrix} 1 & 0 \\ 0 & \sqrt{P} \end{bmatrix}$$

$$B_{i_1} = \begin{bmatrix} 0 & \sqrt{1-P} \\ 0 & 0 \end{bmatrix} \tag{4.7}$$

式中,$P = e^{-\Gamma t}$ 表示激发态总体的衰减,Γ 为耗散速率。如果考虑两个量子比特通过不关联的振幅阻尼信道,则 Kraus 算子可定义为

$$E_{i_1 i_2} = B_{i_1} \otimes B_{i_2} \quad (i_1, i_2 = 0,1) \tag{4.8}$$

文献[53]中引入了全记忆振幅阻尼信道,Kraus 算子 E_{kk} 可表示为

$$E_{00} = \begin{pmatrix} 1 & 0 & 0 & 0 \\ 0 & 1 & 0 & 0 \\ 0 & 0 & 1 & 0 \\ 0 & 0 & 0 & \sqrt{P} \end{pmatrix}, \quad E_{11} = \begin{pmatrix} 0 & 0 & 0 & \sqrt{1-P} \\ 0 & 0 & 0 & 0 \\ 0 & 0 & 0 & 0 \\ 0 & 0 & 0 & 0 \end{pmatrix} \tag{4.9}$$

这里,考虑初始状态 $\rho_0 = |\Phi\rangle\langle\Phi|$,其中,$|\Phi\rangle = \alpha |00\rangle + \beta |11\rangle$ 对应于 $0 \le \alpha \le 1$ 的终态。由式(4.4)可知,在相关振幅阻尼信道中,在标准计算基 $\{|1\rangle = |11\rangle, |2\rangle = |10\rangle, |3\rangle = |01\rangle, |4\rangle = |00\rangle\}$ 下,双量子比特系统的不为 0 的演化密度矩阵元可表示为

$$\rho_{11} = \alpha^2 - (-1+P)\beta^2 [1 + P(-1+\mu)]$$
$$\rho_{22} = (-1+P)P\beta^2(-1+\mu)$$
$$\rho_{33} = (-1+P)P\beta^2(-1+\mu) \tag{4.10}$$
$$\rho_{44} = P\beta^2(P + \mu - P\mu)$$
$$\rho_{14} = \rho_{41} = -P\alpha\beta(-1+\mu) + \sqrt{P}\alpha\beta\mu$$

则有

$$\sin^2[B(\rho_0, \rho_\tau)] = |\operatorname{Tr}(\rho_0\rho_\tau) - 1| = $$
$$|-1 + \alpha^4 + P\beta^4(P + \mu - P\mu) + $$
$$\alpha^2\beta^2(1 - P^2(-1+\mu) + 2\sqrt{P}\mu - P\mu)|$$

那么,接下来的任务就是计算 $\dot{\rho}_t$ 的奇异值,并找出最大的奇异值 $\sigma_{max} = \|\dot{\rho}_t\|_\infty$。经过简单的计算可得奇异值 σ_i 为

$$\sigma_1 = \sigma_2 = |(-1+\mu)\beta^2(-1+2P)| |\dot{P}|$$
$$\sigma_3 = |(-1+\mu)\beta^2(-1+2P) + (\beta/2)| \mu\alpha P^{\frac{1}{2}} + $$
$$2(1-\mu)\alpha| \sqrt{1 + 4\beta^2/[\mu\alpha P^{\frac{1}{2}} + 2(1-\mu)\alpha]^2} | |\dot{P}|$$
$$\sigma_4 = |(-1+\mu)\beta^2(-1+2P) - (\beta/2)| \mu\alpha P^{\frac{1}{2}} + $$
$$2(1-\mu)\alpha| \sqrt{1 + 4\beta^2/[\mu\alpha P^{\frac{1}{2}} + 2(1-\mu)\alpha]^2} | |\dot{P}|$$

于是

$$\sigma_{max} = |(-1+\mu)\beta^2(-1+2P)| + (\beta/2)| \mu\alpha P^{\frac{1}{2}} + $$
$$2(1-\mu)\alpha| \sqrt{1 + 4\beta^2/[\mu\alpha P^{\frac{1}{2}} + 2(1-\mu)\alpha]^2} | |\dot{P}|$$

因此,在关联振幅阻尼信道中,式(4.5)可表示为

$$\tau_{QSL}/\tau = |-1 + \alpha^4 + P_\tau\beta^4(P_\tau + \mu - P_\tau\mu) + $$
$$\alpha^2\beta^2[1 - P_\tau^2(-1+\mu) + 2\sqrt{P_\tau}\mu - P_\tau\mu]| / \int_0^\tau \sigma_{max} \mathrm{d}t \tag{4.11}$$

式中，P_τ 表示最终态 ρ_τ 的激发态布居。很容易发现，双量子比特态的 QSLT 是相关参数 μ 和初始纠缠度（α 和 β）的函数。

通过确定实际的演化时间 τ，μ 和激发态布局 P_τ 的关联强度对 QSLT 的影响如图 4-1 所示。系统的纠缠可以用 Wootter's concurrence 来描述，对于初始双量子比特态 ρ_0，可以得到纠缠度 $C=2|\alpha\beta|$。在图 4-1(a) 中，首先考虑在非纠缠态下制备初始态的情况。通过固定 P_τ，QSLT 随 μ 的增加而增加或不变化，也就是说，当初始状态为非纠缠态时，μ 的增大抑制了系统的加速演化。然而，对于图 4-1(b) 中的初始纠缠态，μ 越大，演化过程在某一区域 $[P_{\tau_c},1]$ 的潜在加速越大（P_{τ_c} 表示 P_τ 的某一临界值）。这里，P_{τ_c} 与初始纠缠度 C 有关，如图 4-2 所示。更具体地说，在图 4-2 中固定 $\mu=0,0.3,0.6,1$，在 $0<C<0.05$ 的情况下，没有 P_{τ_c}，这表明 μ 的增加不能加速量子态的演化；在 $C>0.05$ 的情况下，临界值 P_{τ_c} 是 C 的单调递减函数，这意味着特定区域 $(P_{\tau_c},1)$ 加速量子态的演化是通过增加 μ 而提高 C 的。结合上面的分析，发现当 $P_\tau>P_{\tau_c}$ 和初始纠缠满足 $C>0.05$ 时，与不关联噪音信道相比，关联信道参数 μ 的存在增加了系统的演化速度。

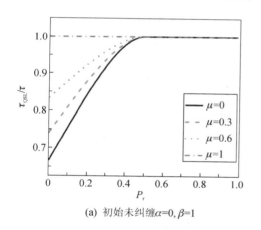 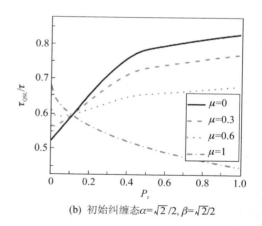

(a) 初始未纠缠 $\alpha=0,\beta=1$　　　　(b) 初始纠缠态 $\alpha=\sqrt{2}/2,\beta=\sqrt{2}/2$

图 4.1　双量子比特的 QSLT 随时间的演化（τ_{QSL}/τ 量化为最终态的激发态布局 P_τ 的函数）

为了更直观地解释初始纠缠 C 对 QSLT 的影响，下面在图 4-3 中固定 $P_\tau=0.5>P_{\tau_c}^{max}$。在 $\mu=0,0.3,0.6,1$ 的情况下，系统在一定的临界初始纠缠态 C_c 处会发生从无加速演化到加速演化的过渡。当 $C<C_c$ 时，系统不具有加速行为，然后系统的潜在加速能力随 C 的增加而增加。此外，该临界初始纠缠态 C_c 的值与 μ 无关。需要强调的是，在关联振幅阻尼信道中，初始纠缠越大系统潜在的加速能力就越大。

2. 关联相位阻尼信道中的量子加速

相位阻尼信道描述了一个不与环境交换能量的退相干过程。在相位阻尼信道中，单个量子比特的 Kraus 算子用 Pauli 算子 $\sigma_0=I$ 和 σ_3 来表示。假设两个量子比

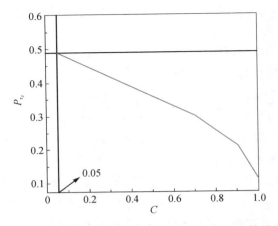

图 4.2　末态激发态的布居 P_{τ_c} 与初始纠缠态 C 的关系

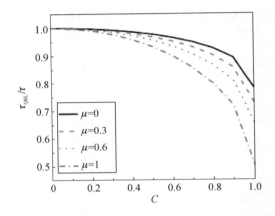

注:用 τ_{QSL}/τ 作为初始制备态纠缠度 $C=2|\alpha\beta|$ 的函数来量化给定

双量子比特态的 QSLT,选取参数 $P_\tau=0.5$。

图 4.3　双量子比特的 QSLT 随初始纠缠的变化

特通过无记忆消相干信道,则 Kraus 算子可表示为

$$E_{i_1 i_2}=\sqrt{p_{i_1} p_{i_2}}\,\sigma_{i_1}\otimes\sigma_{i_2} \tag{4.12}$$

式中,i_1、$i_2=(0,3)$,$p_0=(1+p)/2$,$p_3=(1-p)/2$ 和 $p=\mathrm{e}^{-\gamma t}$。对于部分关联信道,Kraus 算子 E_{kk} 为

$$E_{kk}=\sqrt{p_k}\,\sigma_k\otimes\sigma_k \quad (k=0,3) \tag{4.13}$$

将式(4.12)和(4.13)代入式(4.4),则关联相位阻尼信道中两个量子比特密度矩阵的元素可表示为

$$\rho_{11} = \alpha^2$$

$$\rho_{44} = \beta^2 \qquad (4.14)$$

$$\rho_{14} = \rho_{41} = \alpha\beta[1-(1-p^2)(1-\mu)]$$

只有这个双量子比特密度矩阵的两个非对角线项衰减，关联相位阻尼信道下的演化才更易于分析。下面主要讨论信道的相关强度和初始纠缠对 QSLT 的影响。基于式(4.14)，则有

$$\sin^2[B(\rho_0,\rho_\tau)] = 2\,|\,(1-p^2)\alpha^2\beta^2(-1+\mu)\,|$$

奇异值为

$$\sigma_1 = \sigma_2 = 2\,|\,2p\alpha\beta(-1+\mu)\,|\,|\,\dot{p}\,|$$

$$\sigma_3 = \sigma_4 = 0$$

因此，式(4.5)可简化为

$$\tau_{QSL}/\tau = \frac{2\,|\,(1-p_\tau^2)\alpha^2\beta^2(-1+\mu)\,|}{\int_0^\tau |\,2p\alpha\beta(-1+\mu)\,|\,|\,\dot{p}\,|\,\mathrm{d}t}$$

$$= \frac{(C/2)\,|\,1-p_\tau^2\,|}{\int_0^\tau p\,|\,\dot{p}\,|\,\mathrm{d}t} \qquad (4.15)$$

可以看出，QSLT 随着初始纠缠度 C 的增加而增加，这表明增强初始纠缠度会抑制量子态的潜在加速能力。此外，由 QSLT 表达式(即式(4.15))可以得到另一个有意义的结果：在关联阻尼信道中，对于给定的两个量子比特初始态，从 ρ_0 到 ρ_τ 的动态演化的 QSLT 不依赖于关联参数 μ。那么对于系统的任意初始时间参数，这个结果是否成立？

为了解决这一疑问，下面介绍在整个动力学过程中信道 μ 的关联强度对 QSLT 的影响。通过简单的计算，可以发现式(4.6)中的 ML 类型边界为上述考虑的信道提供了一个紧密的边界。当 $\gamma = 1/2$ 时，$\tau_{QSL} = 2e^{-\tau}\alpha\beta(1-\mu)+2\alpha\beta\mu$。由此，很容易发现 τ_{QSL} 与消相干速率、初始纠缠和关联参数有关。图 4-4 为通过选择不同的相关强度 μ 来分析作为初始时间参数 τ 的函数 τ_{QSL} 的结果。可以发现，在相同的驱动时间 $\tau_D = 1$ 下，信道的关联强度越大，量子系统的演化速度越慢，因而需要更长的 τ_{QSL}。另外，考虑到初始时间参数 τ 较大，则量子速度极限时间可改写为 $\tau_{QSL} = 2\alpha\beta\mu$。因此，当在图 4-4 中固定 $\alpha = \beta = \sqrt{2}/2$ 时，τ_{QSL} 将在一定的时间后稳定在 μ 左右。需要强调的是，在关联阻尼信道中，μ 的增加对系统量子速度极限时间的缩短没有有利的影响。

3. 关联去极化信道中的量子加速

去极化噪声是将状态去极化为完全混合状态的量子操作。单个量子比特的

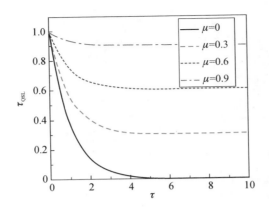

注：参数选择为 $\alpha = \beta = \sqrt{2}/2, \gamma = 1/2, \tau_D = 1$。

图 4.4 τ_{QSL} 随时间的演化

Kraus 算子为

$$B_i = \sqrt{p_i}\sigma_i \quad (i = 0,1,2,3)$$

式中，$p_0 = (1+p)/2, p_1 = p_2 = p_3 = (1-p)/6, p = \mathrm{e}^{-\gamma t}$。假设当两个量子比特上信道连续应用的时间间隔无限小时，则可以采用不关联的去极化信道模型。此时，Kraus 算子 $E_{i_1 i_2}$ 可表示为

$$E_{i_1 i_2} = \sqrt{p_{i_1}p_{i_2}}\,\sigma_{i_1} \otimes \sigma_{i_2} \quad (i_1, i_2 = 0,1,2,3) \tag{4.16}$$

这里将考虑连续两次使用去极化信道的情况，Kraus 算子 E_{kk} 可表示为

$$E_{kk} = \sqrt{p_k}\,\sigma_k \otimes \sigma_k \quad (k = 0,1,2,3) \tag{4.17}$$

由式(4.4)可知，两个量子比特的密度矩阵的元素可表示为

$$
\begin{aligned}
\rho_{11} &= -\frac{1}{9}(2+p)\alpha^2[-2 + p(-1+\mu) - \mu] - \\
&\quad \frac{1}{9}(-1+p)\beta^2[1 + p(-1+\mu) + 2\mu] \\[4pt]
\rho_{22} &= \rho_{33} = \frac{1}{9}(-2+p+p^2)(-1+\mu) \\[4pt]
\rho_{44} &= -\frac{1}{9}(-1+p)\alpha^2[1 + p(-1+\mu) + 2\mu] + \\
&\quad \frac{1}{9}\beta^2[(2+p)^2 - (-2+p+p^2)\mu] \\[4pt]
\rho_{14} &= \rho_{41} = \frac{1}{9}\alpha\beta[1 - 4p(1+p)(-1+\mu) + 8\mu]
\end{aligned}
\tag{4.18}
$$

则有

$$\sin^2[B(\rho_0, \rho_\tau)] = |\,(-1+p)[5 + p(-1 - 8\beta^2 + 8\beta^4)(-1+\mu)]/9\,| -$$

$$[(-1+p)2\mu+(-1+p)4\beta^2(-1+\beta^2)(-1+4\mu)]/9$$

奇异值为

$$\sigma_1=\sigma_2=|(1+2p)(1-\mu)||\dot{p}|/9$$

$$\sigma_3=\{|(1+2p)(1-\mu)+(1+2p)(1-$$
$$\mu)\sqrt{16\alpha^2\beta^2+9(1-4\alpha^2\beta^2)/(\mu-1)^2(2p+1)^2}|\dot{p}|\}/9$$

$$\sigma_4=\{|(1+2p)(1-\mu)-(1+2p)(1-$$
$$\mu)\sqrt{\sqrt{16\alpha^2\beta^2+9(1-4\alpha^2\beta^2)/(\mu-1)^2(2p+1)^2}}|\dot{p}|\}/9$$

显然,σ_3 是最大的奇异值,则量子速度极限时间为

$$\tau_{QSL}/\tau=\sin^2[B(\rho_0,\rho_\tau)]\Big/\int_0^\tau\sigma_3\,\mathrm{d}t \tag{4.19}$$

下面重点介绍初始纠缠和信道相关强度对 QSLT 的影响。首先,当信道部分关联或不关联(即 $\mu=0,0.3,0.6$ 时),τ_{QSL}/τ 随着初始纠缠 C 的增加呈非单调变化,如图 4−5(a)的插入部分所示。具体来说,τ_{QSL}/τ 从 1 降至最小值,然后又恢复为 1,这意味着可以通过制备适当的初始纠缠 C 来实现演化过程的最大潜在加速。相反,当通道完全相关(即 $\mu=1$ 时),如图 4−5(a)所示,量子速度极限时间可表示为 $\tau_{QSL}/\tau=\sqrt{1-C^2}$,这意味着更大的初始纠缠可以导致更大的演化过程的潜在加速能力。此外,当初始态为最大纠缠态或可分离态时,量子系统不演化。因此,为了更好地研究 τ_{QSL}/τ 随关联度的变化,在图 4−5(b)中选择初始纠缠态。可以清楚地看到,量子态的加速演化可以出现在特定区域。值得注意的是,对于初始纠缠态,系统的潜在加速能力将在全相关去极化信道中达到最大。

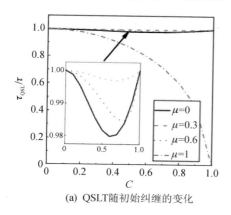 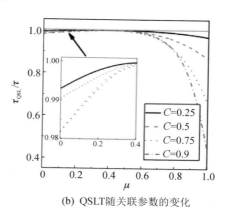

(a) QSLT随初始纠缠的变化　　　　(b) QSLT随关联参数的变化

图 4.5　τ_{QSL}/τ 随初始纠缠 $C=2|\alpha\beta|$ 和关联参数 μ 的变化($p_\tau=0.5$)

4.3 Schwarzschild 时空中的量子加速动力学过程

4.3.1 Schwarzschild 时空中的 QSLT

本节将介绍 Hawking 效应对系统 QSLT 的影响。假设观察者 Alice、Bob 和 Charlie 在 Minkowski 时空的相同初始点共享一个类 GHZ 态 $|\phi\rangle = \alpha |000\rangle + \sqrt{1-\alpha^2}|111\rangle$，其探测器分别只对应着自己的模式 $|n\rangle_A$、$|n\rangle_B$、$|n\rangle_C$，考虑观察者 Alice 和 Bob 的 Minkowski 模和观察者 Charlie 的黑洞模，通过对内部区域 II 的状态进行跟踪，系统的密度矩阵元素 ρ_{ABC_I} 可表示为

$$\rho_{ABC_I} = \alpha^2 m^2 |000\rangle\langle000| + \alpha^2 n^2 |001\rangle\langle001| + (1-\alpha^2)|111\rangle\langle111| +$$
$$\alpha m \sqrt{1-\alpha^2}(|000\rangle\langle111| + |111\rangle\langle000|) \tag{4.20}$$

式中，$m = (\mathrm{e}^{-\omega/T}+1)^{-1/2}$，$n = (\mathrm{e}^{\omega/T}+1)^{-1/2}$。

基于系统不可避免地与环境相互作用的事实，考虑 Alice 和 Bob 在 Pauli 噪声环境中的状态。噪声环境可以用量子信道 ε 来描述，如果 ε 作用于系统，则输出状态可表示为

$$\rho_t = \sum_i p_{i_1 i_2}(\sigma_{i_1} \otimes \sigma_{i_2} \otimes \sigma_0)\rho_{AB_I}(\sigma_{i_1} \otimes \sigma_{i_2} \otimes \sigma_0) \tag{4.21}$$

式中，$p_{i_1 i_2} = p_{i_1} p_{i_2}$ 表示联合概率，$\sigma_{1,2,3}(\sigma_0)$ 为 Pauli 算子。为了方便起见，仅考虑了位相翻转信道（BPFC）、位翻转信道（BFC）、相位翻转信道（PFC）和去极化信道（DPC）。前三个退相干通道的参数 p_i 可以用 $p_0 = p$ 和 $p_i = 1-p$ 表示（BFC 为 $i=1$，BPFC 为 $i=2$，PFC 为 $i=3$）；而 DPC 为 $p_0 = p$ 和 $p_{1,2,3} = (1-p)/3$，这里 p 是退相干参数。将这些表达式与式（4.21）结合，可以得到标准计算基

$$\{|1\rangle = |111\rangle, \ |2\rangle = |110\rangle, \ |3\rangle = |101\rangle, \ |4\rangle = |100\rangle, \ |5\rangle = |011\rangle,$$
$$|6\rangle = |010\rangle, \ |7\rangle = |001\rangle, \ |8\rangle = |000\rangle\}$$

下的输出状态。

为了充分理解 Hawking 效应对系统演化速度的影响，下面以 Pauli 通道中系统的初始非纠缠态和纠缠态为例，介绍系统的加速演化。

1. DPC 中的 QSLT

当 Alice 和 Bob 的状态处于 DPC 中时，对于输入状态 ρ_{AB_I}，系统演化密度矩阵的非零元为

$$\rho_{11} = \frac{4(-1+p)^2\alpha^2 + (1+e^{\frac{\omega}{T}})(\beta+2p\beta)^2}{9(1+e^{\frac{\omega}{T}})}$$

$$\rho_{22} = \frac{4e^{\frac{\omega}{T}}(-1+p)^2\alpha^2}{9(1+e^{\frac{\omega}{T}})}$$

$$\rho_{33} = \rho_{55} = -\frac{2(-1+p)(1+2p)(\alpha^2+(1+e^{\frac{\omega}{T}})\beta^2)}{9(1+e^{\frac{\omega}{T}})}$$

$$\rho_{44} = \rho_{66} = -\frac{2e^{\frac{\omega}{T}}(-1+p)(1+2p)\alpha^2}{9(1+e^{\frac{\omega}{T}})} \qquad (4.22)$$

$$\rho_{77} = -\frac{(\alpha+2p\alpha)^2 + 4(1+e^{\frac{\omega}{T}})(-1+p)^2\beta^2}{9(1+e^{\frac{\omega}{T}})}$$

$$\rho_{88} = \frac{e^{\frac{\omega}{T}}(\alpha+2p\alpha)^2}{9(1+e^{\frac{\omega}{T}})}$$

$$\rho_{18} = \rho_{81} = \frac{(1-4p)^2\alpha\beta}{9\sqrt{1+e^{-\frac{\omega}{T}}}}$$

式中,$\beta=\sqrt{1-\alpha^2}$。基于等式(4.22),可以得到系统的 QSLT。对于初始无纠缠态
(即式(4.20)中 $\alpha=1$),系统的 QSLT 可以简化为

$$\frac{\tau_{QSL}}{\tau} = \frac{(1-p)\sqrt{11+8p(1+p)}}{\int_{p_\tau}^{1} \mathrm{d}p\sqrt{11+16p(-1+2p)}}$$

注意到系统的 QSLT 与 Hawking 温度 T 无关。这意味着,对于 DPC 中初始无纠缠态,系统的 QSLT 不会随着 Hawking 温度的变化而变化。这可能是由于当系统处于非纠缠态时,Hawking 温度无法影响系统的纠缠和相干特性,从而导致 QSLT 不受 Hawking 温度的影响。然而,对于如图 4-6 所示的初始纠缠态(即 $\alpha=1/4$),系统的 QSLT 可以随着 Hawking 温度的增加而单调变化。更具体地说,当图 4-6(a)和图 4-6(b)中的退相干参数 $p_\tau=0.01,0.3<p_{\tau_c}$($p_{\tau_c}$ 表示 p_τ 的某一临界值)时,QSLT 随着 Hawking 温度 T 的增加而单调增加,这意味着 Hawking 温度 T 的增加可以抑制系统的演化速度;而在图 4-6(c)和图 4-6(d)中 $p_\tau=0.6,0.8>p_{\tau_c}$ 的情况下,QSLT 随着 Hawking 温度 T 的增加而单调减小。这意味着存在一个使系统 QSLT 最小的最优 Hawking 温度,同时也说明了最优 Hawking 温度的存在也是图 4-6 中出现 p_{τ_c} 的原因。然后根据上述分析,对于 DPC 中的初始纠缠态,当退相干参数 p_{τ_c} 较大时,系统的演化速度可以随着 Hawking 温度 T 的增大而增强。

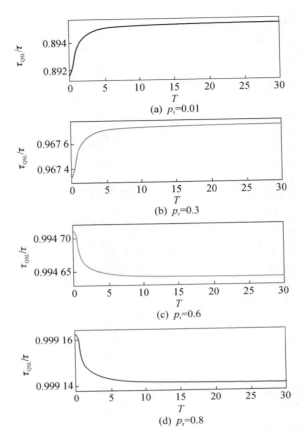

注:当 Alice 和 Bob 处于 DPC 状态时。

图 4.6   QSLT 随 Hawking 温度 $T(\omega=1, \alpha=1/4)$ 的变化

2. PFC 中的 QSLT

当 Alice 和 Bob 的状态处于 PFC 中时,根据式(4.21),可以得到约化密度矩阵为

$$\rho_t = \alpha^2 m^2 \, |000\rangle\langle000| + \alpha^2 n^2 \, |001\rangle\langle001| + (1-\alpha^2) \, |111\rangle\langle111| +$$
$$\alpha m \sqrt{1-\alpha^2} \, (1-2p)^2 (|000\rangle\langle111| + |111\rangle\langle000|) \tag{4.23}$$

式中,$m=(e^{-\omega/T}+1)^{-1/2}$,$n=(e^{\omega/T}+1)^{-1/2}$。根据式(4.20)和式(4.23)可得

$$\|\rho_s(0) - \rho_s(\tau)\|_{hs} = 4\sqrt{2} \, (1-p_\tau) \, p_\tau \alpha \sqrt{1-\alpha^2} / \sqrt{1+e^{-\omega/T}}$$

$$\overline{\|\dot{\rho}_s(t)\|_{hs}} = \int_{p_\tau}^1 dp \, 4\sqrt{2} \, | \, 1-2p \, | \, \alpha \sqrt{1-\alpha^2} / \sqrt{1+e^{-\omega/T}}$$

当考虑系统的初始状态为非纠缠态(即 $\alpha=1$)时,可以得到 $\|\rho_s(0)-\rho_s(\tau)\|_{hs}=0$。这意味着系统在 PFC 中保持其原始的无纠缠状态,这种现象是由于 PFC 是一个纯量

子力学性质的噪声过程。不同的是,对于初始纠缠态,QSLT 可表示为

$$
\frac{\tau_{\mathrm{QSL}}}{\tau}=\begin{cases}1 & \left(p_{\tau}\geqslant\dfrac{1}{2}\right)\\[3mm]\dfrac{2p_{\tau}(1-p_{\tau})}{1-2p_{\tau}(1-p_{\tau})} & \left(p_{\tau}<\dfrac{1}{2}\right)\end{cases}
\tag{4.24}
$$

可以发现系统的 QSLT 与 PFC 中初始纠缠态的 Hawking 温度无关。因此,在 PFC 中,无论系统初始处于纠缠态还是非纠缠态,系统的演化速度都不会随着 Hawking 温度的升高而提高。

3. BFC 和 BPFC 中的 QSLT

现以 Alice 和 Bob 的状态处于 BFC 中为例,分析 Hawking 温度对 QSLT 的影响。根据等式(4.20)和式(4.21),三量子比特系统的演化密度矩阵在标准计算基中的元素为

$$
\rho_{11}=\frac{(-1+p)^2\alpha^2}{1+\mathrm{e}^{\frac{\omega}{T}}}+p^2\beta^2
$$

$$
\rho_{22}=\frac{(\alpha-p\alpha)^2}{1+\mathrm{e}^{-\frac{\omega}{T}}}
$$

$$
\rho_{33}=\rho_{55}=(1-p)p\left(\frac{\alpha^2}{1+\mathrm{e}^{\frac{\omega}{T}}}+\beta^2\right)
$$

$$
\rho_{44}=\rho_{66}=\frac{(1-p)p\alpha^2}{1+\mathrm{e}^{-\frac{\omega}{T}}}
$$

$$
\rho_{77}=\frac{p^2\alpha^2}{1+\mathrm{e}^{\frac{\omega}{T}}}+(-1+p)^2\beta^2
\tag{4.25}
$$

$$
\rho_{88}=\frac{p^2\alpha^2}{1+\mathrm{e}^{-\frac{\omega}{T}}}
$$

$$
\rho_{81}=\rho_{18}=\frac{p^2\alpha\beta}{\sqrt{1+\mathrm{e}^{-\frac{\omega}{T}}}}
$$

$$
\rho_{27}=\rho_{72}=\frac{(-1+p)^2\alpha\beta}{\sqrt{1+\mathrm{e}^{-\frac{\omega}{T}}}}
$$

$$
\rho_{63}=\rho_{36}=\rho_{54}=\rho_{45}=-\frac{(-1+p)p\alpha\beta}{\sqrt{1+\mathrm{e}^{-\frac{\omega}{T}}}}
$$

式中,$\beta=\sqrt{1-\alpha^2}$。基于式(4.25),可以分析 Hawking 温度 T 对系统 QSLT 的影响。对于系统的初始无纠缠态,QSLT 可表示为

$$\tau_{\text{QSL}}/\tau = (1-p)\sqrt{1+2p^2}\Big/\int_{p_\tau}^1 \mathrm{d}p\,\sqrt{3+8p(-1+p)}$$

可以发现系统的加速演化与 Hawking 温度无关。对于初始纠缠态的情况,QSLT 随 Hawking 温度的变化如图 4-7 所示,可以看出,在图 4-7(a)~图 4-7(c) 中,通过固定退相干参数 $p_\tau < p_{\tau_2}$(p_{τ_2} 表示 p_τ 的某一临界值),系统的 QSLT 随着 Hawking 温度 T 的升高而单调减小,这说明 Hawking 温度 T 的升高有助于实现系统的加速演化;而当 $p_\tau > p_{\tau_2}$ 时,QSLT 随 Hawking 温度 T 的增加而单调增加,这说明系统的演化速度随 T 的增加而减弱。因此,对于 BFC 中的初始纠缠态,较小的退相干参数可以达到随着 T 的增大而加速系统演化的目的,这与 DPC 系统形成了鲜明的对比。

对处于 BPFC 中 Alice 和 Bob 的状态,演化状态的密度矩阵与 BFC 的密度矩阵相似。唯一的区别是,矩阵元素 ρ_{64}、ρ_{36}、ρ_{45}、ρ_{54} 乘以一个负号,也可以证明最终的 QSLT 具有与 BFC 完全相同的形式。

4.3.2　Schwarzschild 时空中纠缠对 QSLT 的影响

前述已经表明,Hawking 温度可能有利于初始纠缠的系统的加速演化,那么什么样的初始条件会导致 Schwarzschild 时空中系统的最优演化?为了解决这个问题,下面将介绍 QSLT 和初始纠缠之间的关系。

系统的纠缠可以用共生纠缠(GM)来表征。对于初始三量子比特态 $\rho_{AB_{\mathrm{I}}}$,可以得到 GM 纠缠 $C = 2\alpha\sqrt{1-\alpha^2}\,(1+\mathrm{e}^{-\frac{\omega}{T}})^{-1/2}$。显然,通过固定 $\omega=1$ 和 $T=3$ 可以得到最大初始纠缠度 $C_{\max} = (1+\mathrm{e}^{-\frac{1}{3}})^{-1/2} \approx 0.76$。下面将只讨论 DPC、BFC 和 BPFC 中 QSLT 和初始纠缠之间的关系,因为初始纠缠与 PFC 中的 QSLT 无关。

1.　在 DPC 中 QSLT 与初始纠缠的关系

首先,分析当 Alice 和 Bob 的状态处于 DPC 中时,初始纠缠 C 对 QSLT 的影响。QSLT 随初始纠缠的变化如图 4-8 所示,可以发现,初始纠缠 C 对 QSLT 的影响取决于退相干参数 p_τ。对于相对较小的 p_τ 值(见图 4-8(a)),初始纠缠度的增加可以降低系统的 QSLT。然而,对于较大的 p_τ 值(见图 4-8(c) 和图 4-8(d)),QSLT 随着初始纠缠 C 的增加而单调增加,这表明初始纠缠 C 越大,量子系统的潜在加速能力越弱。此外,对于图 4-8(b) 中特定值的退相干参数 p_τ,随着初始纠缠度 C 的增加,QSLT 先减小后增大,这说明当退相干参数 p_τ 一定时,存在一个使 QSLT 值最小的最优初始纠缠 C_{op},从而使系统的演化速度达到最大。

其次,为了进一步研究最优初始纠缠度 C_{op} 与退相干参数 p_τ 之间的关系,图 4-9 给出了最优初始纠缠度 C_{op} 随 p_τ 的变化曲线。显然,当退相干参数限制在特定区

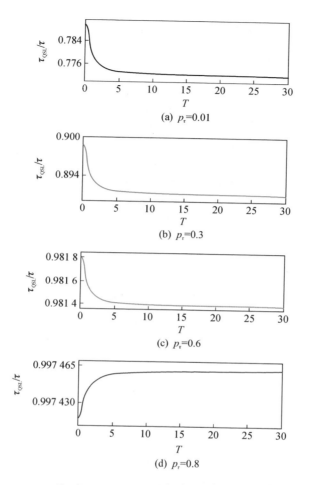

注:当 Alice 和 Bob 的状态处于 BFC 时。

图 4.7　QSLT 随 Hawking 温度 T 的函数($\omega=1,\alpha=1/4$)的变化

域$[0,0.12]$和$[0.6,1]$时,最优初始纠缠度分别为 $C_{\max}=0.76$ 和 $C_{\min}=0$,从而导致图 4 - 8(a)、图 4 - 8(c)和图 4 - 8(d)中的 QSLT 随着初始纠缠度的增加而上升或下降。然而,值得注意的是,当退相干参数 p_τ 在特定区域$(0.12,0.6)$时,随着 p_τ 的增加,C_{op} 单调减小,这意味着 QSLT 随初始纠缠的增加呈非单调变化,对应于图 4 - 8(b)。还可以发现,不同区域退相干参数 p_τ 对应的最优初始纠缠度不同,这就是图 4 - 8 中固定 p_τ 时,QSLT 随初始纠缠度 C 变化不同的原因。

2. 在 BFC 和 BPFC 中

初始纠缠 C 在 Alice 和 Bob 处于 BFC 状态时对 QSLT 的影响如图 4 - 10 所示,可以发现,通过固定退相干参数 p_τ,QSLT 随着 C 的增加呈现单调变化(减小或增

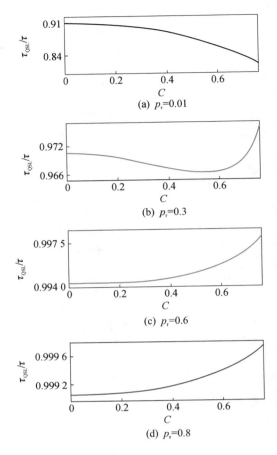

(a) $p_\tau = 0.01$

(b) $p_\tau = 0.3$

(c) $p_\tau = 0.6$

(d) $p_\tau = 0.8$

注:当 Alice 和 Bob 处于 DPC 中时。

图 4.8　QSLT 随初始纠缠 $C(\omega = 1, T = 3)$ 的变化

大)或非单调变化(先减小后增大)。这意味着,在 BFC 中,通过选择最优初始纠缠度 C_{op} 可以获得系统的最大演化速度。图 4-11 为最优初始纠缠度 C_{op} 随退相干参数 p_τ 的变化曲线,可以发现,在特定区域 $[0.58, 0.72]$ 内,随着 p_τ 的增加,C_{op} 单调降低,这与其他区域的 p_τ 形成鲜明对比。这些行为类似于之前在 DPC 的情况下发现的行为,即最优初始纠缠度 C_{op} 与 p_τ 的变化是影响 QSLT 变化的主要原因。此外,由于系统在 BPFC 中的 QSLT 表达式与 BFC 中的 QSLT 表达式相同,因此在 BPFC 中可以得到与在 BFC 中相同的结果。

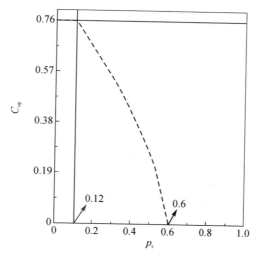

注:当 Alice 和 Bob 处于 DPC 中时。

图 4.9　最优初始纠缠 C_{op} 随退相干参数 $p_\tau(\omega=1,T=3)$ 的变化

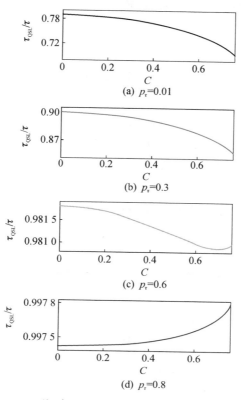

注:当 Alice 和 Bob 处于 BFC 时。

图 4.10　QSLT 随初始纠缠 $C(\omega=1,T=3)$ 的变化

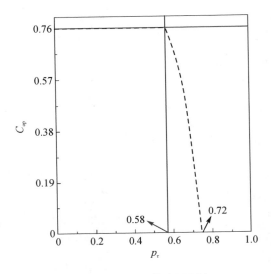

注：当 Alice 和 Bob 处于 BFC 时。

图 4.11 最优初始纠缠 C_{op} 随退相干参数 $p_\tau(\omega=1,T=3)$ 的变化

本章小结

　　本章主要介绍两个量子比特通过关联噪声信道的动力学演化过程,利用量子速度极限时间定义加速演化过程,讨论了退相干信道(振幅阻尼信道、相位阻尼信道和去极化信道)中初始纠缠和信道相关强度对量子态演化速度的影响。由于任何物理过程都可以表示为一个从初始状态到最终状态的量子信道,因此本章所考虑的退相干信道模型比较通用,希望得到的结果对理解系统在真实环境中的动力学演化过程具有指导意义。此外,本章又进一步介绍了在 Schwarzschild 的 QSLT,以及四种典型噪声环境(DPC、BFC、BPFC 和 PFC)。结果表明,在某些特定的 Pauli 噪声信道中,系统的演化速度可以随着 Hawking 温度的升高而提高。

参考文献

[1] Lloyd S. Ultimate physical limits to computation [J]. Nature, 2000, 406:1047.

[2] Giovannetti V, Lloyd S, Maccone L. Quantum limits to dynamical evolution

[J]. Physical Review A，2003，67:052109.

[3] Batle J，Casas M，Plastino A，et al. Connection between entanglement and the speed of quantum evolution[J]. Physical Review A，2005,72:032337.

[4] Borrás A，Casas M，Plastino A R,et al. Entanglement and the lower bounds on the speed of quantum evolution[J]. Physical Review A，2006，74:022326.

[5] Fröwis F. Kind of entanglement that speeds up quantum evolution[J]. Physical Review A，2012，85:052127.

[6] Yung M H. Quantum speed limit for perfect state transfer in one dimension [J]. Physical Review A，2006，74:030303(R).

[7] Caneva T，Murphy M，Calarco T，et al. Optimal Control at the Quantum Speed Limit[J]. Physical review letters，2009，103(24):240501.

[8] Lloyd S，Montangero S. Information Theoretical Analysis of Quantum Optimal Control[J]. Physical review letters，2014，113:010502.

[9] Bekenstein J D. Energy Cost of Information Transfer[J]. Physical review letters，1981，46:623.

[10] Deffner S，Lutz E. Generalized Clausius Inequality for Nonequilibrium Quantum Processes[J]. Physical review letters，2010，105:170402.

[11] Mukherjee V，Carlini A，Mari A,et al. Speeding up and slowing down the relaxation of a qubit by optimal control [J]. Physical Review A，2013，88:062326.

[12] Hegerfeldt G C. High-speed driving of a two-level system[J]. Physical Review A，2014，90:032110.

[13] Avinadav C，Fischer R，London P,et al. Time-optimal universal control of two-level systems under strong driving [J]. Physical Review B，2014，89:245311.

[14] Del Campo A，Molina-Vilaplana J，Sonner J. Scrambling the spectral form factor:Unitarity constraints and exact results[J]. Physical Review D，2017，95:126008.

[15] Childs A M，Maslov D，Nam Y，et al. Toward the first quantum simulation with quantum speedup[J]. Proceedings of the National Academy of Sciences，2017,10:1073.

[16] Giovannetti V，Lloyd S，Maccone L. Advances in quantum metrology[J]. Nature Photonics，2011，96(4):222-229.

[17] Lloyd S. Computational Capacity of the Universe[J]. Physical review letters，

2002，88：237901.

[18] Mandel'shtam L，Tamm I. The uncertainty relation between energy and time in nonrelativistic quantum mechanics[J]. J. Phys. (USSR)，1945，9：249.

[19] Fleming G N. A unitarity bound on the evolution of nonstationary states[J]. Nuovo Cimento A，1973，16：232.

[20] Margolus N，Levitin L B. The maximum speed of dynamical evolution[J]. Physica D (Amsterdam，Neth.)，1998，120：188.

[21] Levitin L B，Toffoli T. Fundamental Limit on the Rate of Quantum Dynamics：The Unified Bound Is Tight［J］. Physical review letters，2009，103：160502.

[22] Campaioli F，Pollock F A，Modi K. Tight，robust，and feasible quantum speed limits for open dynamics[J]. Quantum，2019，3：168.

[23] Mirkin N，Toscano F，Wisniacki D A. Quantum-speed-limit bounds in an open quantum evolution[J]. Physical Review A，2016，94：052125.

[24] Zhang Y J，Han W，Xia Y J，et al. Quantum speed limit for arbitrary initial states[J]. Scientific Reports，2014，4：4890.

[25] Marvian I，Lidar D. A. Quantum Speed Limits for Leakage and Decoherence [J]. Physical review letters，2015，115：210402.

[26] Xu Z Y，Luo S L，Yang W L，et al. Quantum speedup in a memory environment[J]. Physical Review A，2014，89：012307.

[27] Taddei M M，Escher B M，Davidovich L，et al. Quantum Speed Limit for Physical Processes[J]. Physical review letters，2013，110：050402

[28] Awasthi N，Haseli S，Johri U C，et al. Investigate the effects of the existence of correlation between two consecutive use of the quantum channel on quantum speed limit time，arXiv：，1905，11385.

[29] Del Campo A，Egusquiza I L，Plenio M B，et al. Quantum Speed Limits in Open System Dynamics[J]. Physical review letters，2013，110：050403.

[30] Deffner S，Lutz E. Quantum Speed Limit for Non-Markovian Dynamics[J]. Physical review letters，2013，111：010402.

[31] Fuentes-Schuller I，Mann R B. Alice Falls into a Black Hole：Entanglement in Noninertial Frames[J]. Physical review letters，2005，95：120404.

[32] Martín-Martínez E，Garay L J，León J. Quantum entanglement produced in the formation of a black hole[J]. Physical Review D，2010，82：064028.

[33] Bruschi D E，Louko J，Martín-Martínez E，et al. Unruh effect in quantum in-

formation beyond the single-mode approximation[J]. Physical Review A, 2010, 82:042332.

[34] Yao Y, Xiao X, Ge L, et al. Quantum Fisher information in noninertial frames[J]. Physical Review A, 2014, 89:042336.

[35] Bruschi D E, Datta A, Ursin R, et al. Quantum estimation of the Schwarzschild spacetime parameters of the Earth[J]. Physical Review D, 2014, 90:124001.

[36] Ahmadi M, Bruschi D E, Fuentes I. Quantum metrology for relativistic quantum fields[J]. Physical Review D, 2014, 89:065028.

[37] Dai Y, Shen Z, Shi Y. Killing quantum entanglement by acceleration or a black hole[J]. Journal of High Energy Physics, 2015, 9:71.

[38] Pan Q Y, Jing J L. Hawking radiation, entanglement, and teleportation in the background of an asymptotically flat static black hole[J]. Physical Review D, 2008, 78:065015.

[39] Xu S, Song X K, Shi J D, et al. How the Hawking effect affects multipartite entanglement of Dirac particles in the background of a Schwarzschild black hole[J]. Physical Review D, 2014, 89:065022.

[40] Wang J, Tian Z, Jing J, et al. Influence of relativistic effects on satellite-based clock synchronization[J]. Physical Review D, 2016, 93:065008.

[41] Wu S M, Zeng H S. Multipartite quantum coherence and monogamy for Dirac fields subject to Hawking radiation[J]. Quantum Inf Process, 2019, 18:305.

[42] Haseli S. Quantum speed limit time for the damped Jaynes-Cummings and Ohmic-like dephasing models in Schwarzschild space-time[J]. European Physical Journal C, 2019, 79:616.

[43] Suter D, Álvarez G A. Colloquium: Protecting quantum information against environmental noise[J]. Reviews of Modern Physics, 2016, 88:041001.

[44] Schlosshauer M. Decoherence and the Quantum-to-Classical Transition[M]. Berlin: Springer Berlin Heidelberg, 2007.

[45] Breuer H P, Laine E M, Piilo J. Measure for the Degree of Non-Markovian Behavior of Quantum Processes in Open Systems[J]. Physical Review 2009, 103:210401.

[46] Cai X, Zheng Y. Quantum dynamical speedup in a nonequilibrium environment[J]. Physical Review A, 2017, 95:052104.

[47] Dehdashti S, Harouni M B, Mirza B, et al. Decoherence speed limit in the

spin-deformed boson model[J]. Physical Review A, 2015, 91:022116.

[48] Liu H B, Yang W L, An J H, et al. Mechanism for quantum speedup in open quantum systems[J]. Physical Review A, 2016, 93:020105(R).

[49] Zhang Y J, Xia Y J, Fan H. Control of quantum dynamics: Non-Markovianity and the speedup of the open system evolution[J]. Europhysics Letters, 2016, 116:30001.

[50] Sun Z, Liu J, Ma J, et al. Quantum speed limits in open systems: Non-Markovian dynamics without rotating-wave approximation[J]. Scientific Reports, 2015, 5:8444.

[51] Zhang Y J, Han W, Xia Y J, et al. Speedup of quantum evolution of multiqubit entanglement states[J]. Scientific Reports, 2016, 6:27349.

[52] Liu C, Xu Z Y, Zhu S Q. Quantum-speed-limit time for multiqubit open systems[J]. Physical Review A, 2015, 91:022102.

[53] Yeo Y, Skeen A. Time-correlated quantum amplitude-damping channel[J]. Physical Review A, 2003, 67:064301.

第 5 章　Rabi 及类 Rabi 模型相关物理问题

Rabi 模型是一个用于描述光和原子之间相互作用的模型。最初，Rabi 模型用于描述一个具有核自旋的原子和快速旋转的弱磁场组成的系统[1,2]。现在，该模型在许多的量子系统中得到了应用，特别是在量子光学和凝聚态物理中。虽然 Rabi 模型具有相当的重要性，但到目前为止其解析解还没有被求出，它的能谱和本征波函数只能通过数值方法求得。为了解决这个问题，一系列基于不同参数范围的近似解被提出。随着技术的高速发展，实验上可以实现的耦合频率正在快速接近光场频率。对这一区域，反旋转波项会对系统的行为造成不可忽略的影响。目前的近似方法均要求原子的共振频率接近或满足绝热条件，因此对于任意大小的共振频率目前还没有较好的近似方法，这使得对 Rabi 模型在这一区域的行为的认识相当缺乏。

通过研究，本章首先将给出各向异性 Rabi 模型的解析近似解，该近似解在相当大的参数范围中准确描述了系统的行为。其次应用这个解，将介绍其在反旋转波项较小的情况下对系统的影响，并计算相关的物理量。最后，介绍偏置 Dicke 模型在经典振子极限下的临界行为。发现在经典自旋极限下，在具有非零偏置的偏置 Dicke 模型中不会出现量子相变。同时，给出了系统的基态波函数，并介绍在两种经典极限下系统中压缩与纠缠的性质。

5.1　Rabi 模型及类 Rabi 模型概述

Rabi 模型是由物理学家 Rabi 在 1937 年提出的[1]。在量子光学中，它用于描述二能级系统和单模光场间的相互作用[3,4]；在凝聚态物理中，它是 Holstein 模型的核心[5]。最近，Rabi 模型在一些新领域中起了重要的作用，如腔量子电动力学（QED）[6]、离子阱[7]、量子点和电路量子电动力学[8-15]，这些自旋-玻色系统在量子计算中有着极其重要的应用。

虽然 Rabi 模型具有相当的重要性，但到目前为止它的解析解还没有被求出，它的能谱和本征波函数只能通过数值方法求得。为了解决这个问题，一系列基于不同参数范围的近似解被提出[3,16-21]。通过 Rabi 模型的 $\mathbb{Z}_2$ 对称性，Rabi 模型的能谱问题可以转化为一个超越函数的零点问题[22-24]。尽管目前对于 Rabi 模型的研究取得了很大的进展,但 Rabi 模型的许多性质依然没有被了解。

5.1.1　Rabi 模型

Rabi 模型描述的是一个二能级原子与频率为单模的光场耦合所组成的系统。为了给出 Rabi 模型的具体形式,从最一般的情况出发,当一个原子与电磁场相互作用时,系统 Hamiltonian 可表示为

$$H = H_{\text{atom}} + H_{\text{field}} - e\boldsymbol{r} \cdot \boldsymbol{E} \tag{5.1}$$

式中,H_{atom} 和 H_{field} 分别表示原子和电磁场自身的 Hamiltonian,$\boldsymbol{r}$ 为电子的位置算符。自由电磁场的 Hamiltonian 可表示为

$$H_{\text{field}} = \sum_k \hbar\nu_k \left(a_k^+ a_k + \frac{1}{2} \right) \tag{5.2}$$

式中,a_k^+ 和 a_k 分别为频率 ν_k 的电磁场的产生和湮灭算符。对于原子自身的 Hamiltonian,可以通过原子的跃迁算符 $\sigma_{ij} = |i\rangle\langle j|$ 来表示,其中 $\{|i\rangle\}$ 是原子 Hamiltonian 的一组完备的本征态,即 $\sum_i |i\rangle\langle i| = 1$,$E_i$ 为其对应的本征值。因此,原子自身的 Hamiltonian 可表示为

$$H_{\text{atom}} = \sum_i E_i \sigma_{ii} \tag{5.3}$$

电子的偶极矩算符也可表示为

$$e\boldsymbol{r} = \sum_{i,j} \wp_{ij} \sigma_{ij} \tag{5.4}$$

式中,$\wp_{ij}$ 是电偶极跃迁矩阵元。在偶极近似中,可以假设电磁场在整个原子的范围中是均匀的,因此有

$$E = \sum_k \boldsymbol{\epsilon}_k E_k (a_k + a_k^+) \tag{5.5}$$

式中,$\boldsymbol{\epsilon}_k$ 为单位极化矢量。将式(5.2)~式(5.5)代入式(5.1)中,可得

$$H = \sum_k \hbar\nu_k a_k^+ a_k + \sum_i E_i \sigma_{ii} + \hbar \sum_{i,j} \sum_k g_k^{ij} \sigma_{ij} (a_k + a_k^+) \tag{5.6}$$

式中

$$g_k^{ij} = -\frac{\wp_{ij} \cdot \boldsymbol{\epsilon}_k E_k}{\hbar} \tag{5.7}$$

对于二能级原子,有 $\wp_{ab} = \wp_{ba}$,其中 $|a\rangle$ 和 $|b\rangle$ 分别为原子的两个能级。因此,可以令 $g_k = g_k^{ab} = g_k^{ba}$,从而系统的 Hamiltonian 可表示为

$$H = \sum_k \hbar\nu_k a_k^+ a_k + (E_a \sigma_{aa} + E_b \sigma_{bb}) + \hbar \sum_k g_k (\sigma_{ab} + \sigma_{ba})(a_k + a_k^+) \tag{5.8}$$

上式第二项可以写成

$$E_a\sigma_{aa} + E_b\sigma_{bb} = \frac{1}{2}\hbar\omega(\sigma_{aa} - \sigma_{bb}) + \frac{1}{2}(E_a + E_b) \tag{5.9}$$

式中,$\hbar\omega = E_a - E_b$。式(5.9)中的常数项可以忽略,则系统的 Hamiltonian 可以表示为

$$H = \sum_k \hbar\nu_k a_k^+ a_k + \frac{1}{2}\hbar\omega\sigma_z + \hbar\sum_k g_k(\sigma_+ + \sigma_-)(a_k + a_k^+) \tag{5.10}$$

式中,σ_z、$\sigma_\pm$ 为 Pauli 算符。如果只考虑频率为 ν 的单模光场的情况,则可得 Rabi 模型为

$$H_R = \hbar\nu a^+ a + \frac{1}{2}\hbar\omega\sigma_z + \hbar g(\sigma_+ + \sigma_-)(a + a^+) \tag{5.11}$$

5.1.2 与 Rabi 模型相关的实际模型

1. 腔量子电动力学

腔量子电动力学是描述原子与微腔中的量子化电磁场相互作用的理论。其中,微腔可以看成一个存储光子的容器。对于可见光,可以用两面镜子来存储光。然而,在腔量子电动力学中,微腔可以代替镜子把电磁场存储在一片较小的区域内,因此可以实现原子与光场相互之间的耦合。在高品质微腔中,腔量子电动力学主要研究原子与微腔中频率分立的量子化电磁场模式之间的耦合。此类系统的研究,在开放系统的基本量子力学、量子态的操控和测量诱导的量子退相干的研究中引起了研究者广泛的兴趣。在量子信息的研究中,量子比特与腔量子电动力学的结合已经成为量子信息处理和传递的可能候选方案之一。

对于二能级原子组成的系统,腔量子电动力学系统的 Hamiltonian 为[6]

$$H = \hbar\omega_r\left(a^+ a + \frac{1}{2}\right) + \frac{1}{2}\hbar\Omega\sigma_z + \hbar g\sigma_x(a^+ + a) + H_\kappa + H_\gamma \tag{5.12}$$

式中,ω_r 为腔的共振频率,Ω 为原子的共振频率,g 为原子-光场的耦合强度,这三个量是描述腔量子电动力学系统的关键参数。另外,H_κ 描述腔与外界的耦合,并且引起了微腔的衰减 $\kappa = \omega_r/Q$;H_γ 描述原子与腔中的除共振模式外的其他模式的耦合,其导致了处于激发态的原子的衰减。如果不考虑衰减,即 $H_\kappa = H_\gamma = 0$,则系统的 Hamiltonian 变为

$$H = \hbar\omega_r\left(a^+ a + \frac{1}{2}\right) + \frac{1}{2}\hbar\Omega\sigma_z + \hbar g\sigma_x(a^+ + a) \tag{5.13}$$

此时,腔量子电动力学系统的 Hamiltonian 具有 Rabi 模型的形式。对于典型的三维光学腔,有 g/ω_r 约为 10^{-7},此时系统处于强耦合区域。当原子和光场满足共振条件 $\omega_r = \Omega$ 时,腔量子电动力学系统的物理性质可以用 Jaynes-Cummings 模型描述。

2. 电路量子电动力学

对于低电容的超导 Josephson 结,其 Josephson 耦合能远小于电荷能。在一个典型的超导 Josephson 结中,有 n 个过剩的 Cooper 对的超导岛通过一个 Josephson 结与超导电极连接。其中,Josephson 结的结电容为 C_J,Josephson 耦合能为 E_J;门电压 V_g 起着控制作用,其通过一个大小为 C_g 的门电容耦合到超导岛上。随着半导体加工技术的进步,目前的技术可以把 Josephson 结中的结电容做到 $C_J \ll 10^{-15}$ F 的量级,甚至可以把 Josephson 结中的门电容 C_g 做到更小的量级。如果要使 Cooper 对盒子成为一个良好的电荷量子比特,其需要满足:超导 Josephson 结中的超导能隙 Δ 是最大的能量标度,即超导能隙大于 Josephson 耦合能以及电荷能;当系统的工作温度较低的情况下,超导 Josephson 结中超导岛上的准粒子隧穿将会处于无激发的状态。当满足上述条件时,超导 Josephson 结中能够出现隧穿的只有超导岛上的 Cooper 对,而准粒子的激发将被压缩从而不会再存在。在这种情况下,超导 Josephson 结的 Hamiltonian 可表示为

$$H = 4E_C(n - n_g)^2 - E_J \cos \Theta \tag{5.14}$$

式中,n 为 Josephson 结中超导岛上 Cooper 对数目的算子,Θ 为超导序参量的位相。当 Josephson 耦合能远小于电荷能时,超导 Josephson 结的能级结构主要由系统的 Hamiltonian 中电荷能相关的部分构成。这里,超导 Josephson 结上超导岛的电荷数态 $|n\rangle$ 可以用超导岛上 Cooper 对的数目 n 进行标记,当 n 近似为半整数时,超导岛相邻的两个电荷态所具有的电荷能 $4E_C(n - n_g)^2$ 变得非常接近,此时,这两个电荷能非常接近的电荷态就能够形成良好的二态空间,从而可以把其他的电荷态很好地隔离开。另外,由于超导 Josephson 结中存在 Josephson 耦合能且 Josephson 耦合能远小于电荷能,这将会使两个电荷能非常接近的电荷态互相混合起来,并形成良好的相干叠加态。在由两个电荷能非常接近的电荷态形成的良好的二态空间上,超导 Josephson 结的 Hamiltonian 可表示为

$$H_q = 4E_C \sum_n (n - n_g)^2 |n\rangle\langle n| - \frac{E_J}{2} \sum_n (|n+1\rangle\langle n| + |n\rangle\langle n+1|) \tag{5.15}$$

在实际情况中,超导 Josephson 结上超导岛的电荷数目 n_g 的取值范围一般为 $n_g \in [0,1]$。因此,可以只考虑超导岛上两个能量最低的电荷态,且可以将其他能量较高的电荷数态忽略。通过这些处理,超导 Josephson 结可以被看作为一个良好的电荷量子比特,则超导 Josephson 结的 Hamiltonian 可以在两个电荷能非常接近的电荷态形成的良好的二态空间上表示为

$$H_q = 4E_C\left(n_g - \frac{1}{2}\right)\sigma_z - \frac{1}{2}E_J\sigma_x \tag{5.16}$$

从超导 Josephson 结的 Hamiltonian 中可以看出,其电荷能分量 $4E_C\left(n_g-\dfrac{1}{2}\right)\sigma_z$ 可以通过控制超导 Josephson 结的门电压来进行有效的调节,而其 Josephson 耦合能分量是不可以直接进行调节的,这就对超导 Josephson 结量子比特的操作带来相当的限制。目前,已经可以通过对超导 Josephson 结中的 Josephson 耦合能 E_J 进行有效调节来解决。可以用一个超导量子干涉器件代替单个的超导 Josephson 结,超导量子干涉器件是由两个参数相同的超导 Josephson 结组成的一个闭合回路。假定系统的外加磁场在超导量子干涉器件的两个超导 Josephson 结组成的闭合回路中产生的磁通为 Φ,则这个外加磁场下的超导量子干涉器件闭合回路就能够很好地调节 Josephson 耦合能。例如,可以通过改变系统的外加磁场的大小来调节超导量子干涉器件中的磁通 Φ,从而在较大的范围内调节 Josephson 耦合能的大小。如果调节超导 Josephson 结中的门电压 V_g 和超导量子干涉器件中的磁通 Φ 使得 $n_g=1/2$ 和 $\Phi=\Phi_0/2$ 时,超导量子干涉器件构成的电荷量子比特的 Hamiltonian 将为零,即 $H_q=0$,因此超导量子干涉器件构成的电荷量子比特的量子态将不再随时间演化。通过这种对 Josephson 耦合能调节的技术,在进行对超导量子干涉器件构成的电荷量子比特操作时,就可以根据实际需要对系统的 Hamiltonian 打开或者关闭,从而使得超导量子干涉器件构成的电荷量子比特的量子态发生演化或者使它处于一个闲置的态。当不需要对量子比特进行操作时,就可以利用超导量子干涉器件构成的电荷量子比特所具有的可以调节 Josephson 耦合能的良好特性把电荷量子比特的 Hamiltonian 有效地关闭,因此可以不需要担心对电荷量子比特操作的时间会对超导量子干涉器件构成的电荷量子比特的量子态产生不希望的影响。另外,由于超导量子干涉器件的结构被引入超导 Josephson 结电荷量子比特中,因此可以通过系统的外加磁场把两个超导量子干涉器件构成的电荷量子比特很方便地互相耦合起来。

　　超导 Josephson 结磁通量子比特是通过一个或数个超导 Josephson 结组成的超导环所构成,且在超导环中加上适当的外加偏置磁通量。由于单结超导 Josephson 结磁通量子比特要求超导环的环路面积较大,因此这种磁通量子比特对系统中磁通噪声相当敏感,这致使磁通量子比特的相干时间相当短。目前的超导 Josephson 结磁通量子比特一般都采取多结组成的环路,结的个数可以是 3~5 个。下面以三个超导 Josephson 结组成的磁通量子比特为例进行介绍。

　　三个超导 Josephson 结包括两个大小相同的大超导 Josephson 结和一个小超导 Josephson 结,并假设大超导 Josephson 结的结电容为 C_J,结中的临界电流为 I_0,小超导 Josephson 结的结电容和结中临界电流分别为 αC_J,αI_0,其中参数 α 满足 $0.5<\alpha<1$;穿过磁通量子比特超导环的磁通量为 Φ,Φ_0 为单位磁通量。因此,超导 Josephson 结磁通量子比特的超导环路的 Hamiltonian 可表示为

$$H = 4E_c n_1^2 - E_J \cos \phi_1 + 4E_c n_2^2 - E_J \cos \phi_2 + \frac{4E_c}{\alpha} n_3^2 - \alpha E_J \cos \phi_3 + E_J (2 + \alpha)$$

$$(5.17)$$

式中,超导 Josephson 结磁通量子比特的 Josephson 耦合能为 $E_J = I_0 \Phi_0 / 2\pi$,ϕ_i 分别代表两个超导 Josephson 结两端的相位差,相位差的共轭量是穿过超导 Josephson 结的电子 Cooper 对的总数。如果系统外加的磁通量 $\phi = f\Phi_0$,利用磁通量子化条件可以得到关系式 $\phi_3 = 2\pi f + \phi_1 - \phi_2$,可以看出三个系统中的相位变量并不都是独立变量,其中只有两个相位变量可以自由地变化,本书选取 ϕ_1 和 ϕ_2 为独立变量。为了使磁通量子比特中的 Hamiltonian 只包含两个独立的相位变量,需要对坐标系进行一次旋转,把 ϕ_1 和 ϕ_2 用两个独立的相位变量的和差,即 $\phi_p = (\phi_1 + \phi_2)/2$,$\phi_m = (\phi_1 - \phi_2)/2$,进行代换,从而把超导 Josephson 结磁通量子比特 Hamiltonian 简化为

$$H_q = E_p n_p^2 + E_m n_m^2 - 2E_J \cos \phi_p \cos \phi_m + E_J (2 + \alpha) - \alpha E_J \cos(2\pi f + 2\phi_m)$$

$$(5.18)$$

上式磁通量子比特 Hamiltonian 的前两项可以看成是磁通量子比特系统的等效动能,其他剩余项表示系统中的势能。该磁通量子比特 Hamiltonian 表述的相位动力学行为可以与在二维势能中运动的质点情况进行类比。当 $f = 0.5$ 时,附近能量最低的两个能级之间的能量差将远小于两个能级与第三个能级之间的能量差。因此,对能量最低的这两个能级进行的操作将不会把磁通量子比特系统激发到更高的能级上。从这里可以看出,超导 Josephson 结磁通量子比特的工作位置在双势阱对称点的附近。如果只考虑磁通量子比特中能量最低的两个能级,可以用 Pauli 算符来表示超导 Josephson 结磁通量子比特的 Hamiltonian 为

$$H_q = -\frac{1}{2}(\epsilon \sigma_z + \Delta \sigma_x)$$

$$(5.19)$$

三个超导 Josephson 结组成的磁通量子比特是最早提出的磁通量子比特。虽然这种磁通量子比特具有一个最优的工作点,但是在这一最优工作点上磁通量子比特的本征频率将不能进行有效的调节,也就是说这种磁通量子比特制备完成后本征频率就已经固定了,这种不可调节性大幅降低了磁通量子比特的可控性和实用性。因此,四个超导 Josephson 结组成的磁通量子比特被提出来,其就是把原来三个超导 Josephson 结中的小超导 Josephson 结用一个包含两个超导 Josephson 结的超导量子干涉器件来进行代替。该超导量子干涉器件等价于一个 Josephson 耦合能可以进行调节的超导 Josephson 结,即通过改变超导量子干涉器件中的磁通来调节 Josephson 耦合能。这样就相当于三个超导 Josephson 结组成的磁通量子比特中的参数 α 可以进行有效的调控,而参数 α 与双势阱结构的中间势垒的高度有关,而势垒高度与磁通量子比特在对称点处的能级劈裂有关。因此,通过调节超导量子干涉器件中

的磁通量可以对磁通量子比特的本征频率进行调节。

在对磁通量子比特的集成化方面,磁通量子比特目前只做到了两个量子比特的耦合。相比于其他类型的超导比特,磁通量子比特的多量子比特的集成化显得更加困难。这是因为相位量子比特和电荷量子比特都是通过一维超导传输线产生多个量子比特之间的耦合,虽然磁通量子比特可以借助电感产生与超导传输线之间的强耦合,但是实验上把几个磁通量子比特耦合到一个超导传输线上的难度相当大,到目前为止,实验上还不能实现把两个磁通量子比特和同一个超导传输线发生耦合。尽管磁通量子比特有这些缺点,但因为磁通量子比特可以与各种不同类型量子计算的物理系统之间产生有效耦合,所以磁通量子比特在量子信息的处理和量子信息的转化上,特别是在杂化量子系统方面可以发挥相当重要且关键的作用。

在电荷量子比特与一维量子传输线组成的量子系统中,电荷量子比特被放置在一维量子传输线中,通过调节特定实验参数,电荷量子比特将仅与量子化电场发生较强的耦合,此时量子系统的 Hamiltonian 为

$$H_Q = -2E_C(1-2N_g^{dc})\sigma_z - \frac{1}{2}E_J\sigma_x - e\frac{C_g}{C_\Sigma}\sqrt{\frac{\hbar\omega_r}{Lc}}(a^+ + a)(1-2N_g - \sigma_z)$$

(5.20)

式中,$N_g = C_g V_g/2e$ 为电荷量子比特的无量纲化的门电荷,V_g 为量子比特的门电压,V_g^{dc} 为门电压中的直流部分,$N_g^{dc} = C_g V_g^{dc}/2e$ 为门电荷的直流部分,C_g 为电荷量子比特中 Cooper 对的电容,$\sqrt{\frac{\hbar\omega_r}{Lc}}(a^+ + a)$ 为一维量子传输线产生的量子化的电磁场。通过一个么正变换,可以将电荷量子比特与一维量子传输线组成的量子系统的 Hamiltonian 转化为

$$H = \hbar\omega_r\left(a^+ a + \frac{1}{2}\right) + \frac{1}{2}\hbar\Omega\sigma_z -$$

$$e\frac{C_g}{C_\Sigma}\sqrt{\frac{\hbar\omega_r}{Lc}}(a^+ + a)(1 - 2N_g - \cos\theta\sigma_z + \sin\theta\sigma_x) \quad (5.21)$$

式中,参数 $\theta = \arctan[E_J/4E_C(1-N_g^{dc})]$,$\Omega = \sqrt{E_J^2 + [4E_C(1-2N_g^{dc})]^2}/\hbar$ 为电荷量子比特的共振频率。当 $N_g^{dc} = 1/2$、$\theta = \pi/2$ 时,电荷量子比特处于在电荷简并点处,则式(5.21)可写成

$$H = \hbar\omega_r\left(a^+ a + \frac{1}{2}\right) + \frac{1}{2}\hbar\Omega\sigma_z - e\frac{C_g}{C_\Sigma}\sqrt{\frac{\hbar\omega_r}{Lc}}(a^+ + a)\sigma_x \quad (5.22)$$

从上式可知,此时系统的 Hamiltonian 具有 Rabi 模型的形式。与腔量子电动力学系统相比,电路量子电动力学系统可以实现非常强的耦合。对于上述的电荷量子比特,相互作用强度与腔共振频率可以达到 10^{-2} 甚至更高。

5.1.3 Rabi 模型相关的求解方法

1. 旋转波近似

当光和原子接近共振($\omega \approx 2\Omega$)并且它们之间的耦合非常小($g/\omega \lesssim 10^{-2}$)时，Hamiltonian 中的旋转波项 $a^+\sigma_- + a\sigma_+$ 造成态 $|+z, n-1\rangle$ 和 $|-z, n\rangle$ 之间的耦合，在没有光和原子之间相互作用时，这两态的能量是几乎相等的；Hamiltonian 中的反旋转波项 $a^+\sigma_+ + a\sigma_-$ 造成态 $|+z, n\rangle$ 和 $|-z, n-1\rangle$ 之间的耦合，这两态的能量差别要大得多。此时，可以忽略能量差别较大的能级之间的耦合，即 Hamiltonian 中的反旋转波项 $a^+\sigma_+$ 和 $a\sigma_-$ 可以被舍去，这就是著名的旋转波近似(RWA)。在矩阵形式中，这相当于忽略了远离对角线的矩阵元。经过旋转波近似后 Rabi 模型就转化为可精确求解的 Jaynes - Cummings 模型(J - C 模型)，即

$$H_{JC} = \omega a^+ a + \Omega \sigma_z + g(a^+\sigma_- + a\sigma_+) \tag{5.23}$$

定义算符 $C = a^+ a + (\sigma_z + 1)/2$，可以看出 C 与 J - C 模型 Hamiltonian 的 H_{JC} 对易。因此，J - C 模型具有 U(1) 对称性且是可以被精确求解的，此时 $\{|+z, n-1\rangle, |-z, n\rangle\}$ 成为 H_{JC} 的不变子空间。算符 C 的守恒意味着系统的态空间可以被分解为无限个形式为 $\{|+z, n-1\rangle, |-z, n\rangle\}$ 的子空间的直积，且可以通过 C 的取值进行标记。由于每个子空间里包含两个本征态，因此 J - C 模型的本征态可以用两个量子数进行标记。

旋转波近似的含义还可以由相互作用表象给出。在相互作用表象中，相互作用部分的 Hamiltonian 可表示为

$$H_I = g(a^+\sigma_- e^{i(\omega-2\Omega)} + a\sigma_+ e^{-i(\omega-2\Omega)} + a^+\sigma_+ e^{-i(\omega+2\Omega)} + a\sigma_- e^{i(\omega+2\Omega)}) \tag{5.24}$$

在共振条件下，H_I 的前两项几乎不随时间变化，而后两项则随时间高速振荡且在时间上的平均值为零，于是可以将后两项忽略。回到 Schrödinger 表象中，就得到了 J - C 模型的 Hamiltonian。当无量纲化的耦合常数 $\kappa = g/\omega \lesssim 10^{-2}$(强耦合区域)且系统满足共振条件 $\omega \approx 2\Omega$ 时，Rabi 模型可以相当好地被 J - C 模型描述。

最近，在固态半导体[16]和超导系统中实现了二能级系统与光场的超强耦合($\kappa \gtrsim 0.1$)，在这个区域，RWA 不再有效，此时系统只能由 Rabi 模型描述。另一种 RWA 失效的情况是所谓的大失谐区域，此时有 $|\omega - 2\Omega| \sim |\omega + 2\Omega|$。在这些情况下，反旋转波项产生的物理效应均不能被忽略[25]。

2. 绝热近似

RWA 的思路是把二能级系统与光场之间的相互作用项视为小量，而另一种近似思路是把 Rabi 模型中的自旋项 $\Omega\sigma_z$ 视为小量，此时系统参数满足 $\Omega \ll (\omega, g)$。在这个参数范围内可以对系统进行绝热近似(AA)，且近似结果能很好地反映系统的

特征[26]。AA 的过程可以简述如下：

当 $\Omega = 0$ 时，H_R 的本征值和本征矢为

$$|\pm z, N_{\pm}\rangle \equiv |\pm z\rangle \otimes e^{\mp\left(\frac{g}{\omega}\right)(a^+ - a)} |N\rangle \tag{5.25}$$

$$E_N = \omega\left(N - \frac{g^2}{\omega^2}\right) \tag{5.26}$$

式中，$|\pm z\rangle$ 为 σ_z 的本征态，$|N_{\pm}\rangle$ 为位移 Fock 态，此时能级 E_N 是简并的。当 $\Omega \neq 0$ 时，自旋项 $\Omega\sigma_z$ 造成 $|\pm z, N_{\pm}\rangle$ 之间的耦合。在 AA 中，只考虑 N 的态矢之间的耦合，即把 $\{|+z, N_+\rangle, |-z, N_-\rangle\}$ 近似地看成 H_R 的不变子空间。在子空间 $\{|+z, N_+\rangle, |-z, N_-\rangle\}$ 中，H_R 为

$$\begin{pmatrix} E_N & \Omega\langle N_- | N_+\rangle \\ \Omega\langle N_+ | N_-\rangle & E_N \end{pmatrix} \tag{5.27}$$

因此，系统的本征值和本征矢可以被轻松地求得，即

$$|\Psi_{\pm,N}\rangle = \frac{1}{2}(|+z, N_+\rangle \pm |-z, N_-\rangle) \tag{5.28}$$

$$E_{\pm,N} = \pm\Omega\langle N_- | N_+\rangle + E_N \tag{5.29}$$

3. 广义旋转波近似

绝热近似的适用范围为 $\Omega \ll (\omega, g)$，这是一个很苛刻的条件，在大多数系统中都不能满足。因此，有必要对绝热近似做进一步的修正，这就产生了广义旋转波近似（GRWA）[30]。GRWA 可以在绝热近似的基础上直接导出。在 AA 中，只考虑了 $\Omega\sigma_z$ 所产生的部分耦合，剩余的部分会造成 $|\Psi_{\pm,N}\rangle$ 之间的耦合。在 RWA 中，考虑的是态矢 $|+z, n-1\rangle$ 和 $|-z, n\rangle$ 之间的耦合，按照同样的思路可以只考虑 $|\Psi_{+,N-1}\rangle$ 和 $|\Psi_{-,N}\rangle$ 的耦合。经计算可知，当系统轻微偏离绝热近似条件 $\Omega \ll (\omega, g)$ 时，$\Omega\sigma_z$ 所产生的部分耦合的主要部分是 $|\Psi_{+,N-1}\rangle$ 和 $|\Psi_{-,N}\rangle$ 之间的耦合。在子空间 $\{|+z, N_+\rangle, |-z, N_-\rangle\}$ 中，H_R 为

$$\begin{pmatrix} E_{+,N-1} & \Omega'_{N-1,N} \\ \Omega'_{N-1,N} & E_{-,N} \end{pmatrix} \tag{5.30}$$

式中，$\Omega'_{M,N} = \Omega\langle M_- | N_+\rangle$。此时，GRWA 的本征值和本征矢可以被轻松地求得。

令人惊讶的是，尽管 GRWA 只是在绝热近似的基础上进行了与 RWA 相似的近似，但 GRWA 的适用范围却远远超出了 RWA 和 AA。通过数值计算的结果对比，GRWA 只在 $\Omega \gg \omega$ 时失效；当系统为负失谐（$\Omega < \omega$）时，GRWA 在任意的耦合强度 g 中均相当成功。

4. 其他近似方法

对于不满足 $\Omega < \omega$ 的情况，可以通过一个幺正变换来解决。令幺正变换为

$$U = \exp[\lambda \sigma_x (a^+ - a)] \tag{5.31}$$

式中,λ 为待定系数。通过舍去多光子过程,变换后的 Hamiltonian $H' = UHU^+$ 具有如下形式:

$$H' = \omega a^+ a + \omega \lambda^2 + 2\lambda g + \Omega G_0(\hat{n}) \sigma_z +$$
$$R_r(\hat{n})(a^+ \sigma_- + a\sigma_+) + R_{ar}(\hat{n})(a^+ \sigma_+ + a\sigma_-) \tag{5.32}$$

式中,$G_0(\hat{n})$、$R_r(\hat{n})$、$R_{ar}(\hat{n})$ 均为光子数算符 $\hat{n}$ 的函数,且与参数 λ 有关。因此,反旋转波项的系数也可以由 λ 调节,通过选取适当的 λ 就可以把 Hamiltonian 中的反旋转波项消去,于是 Rabi 模型就转化成了类似 J-C 模型的形式。

这种方法的优点是对 Ω 没有特殊的要求,同时在较宽的耦合强度 g 的范围中有效($g \lesssim 0.5$)。这个有效范围基本上包括了超强耦合的范围,因此具有重要使用价值。

5. 在 Bargmann 空间中的求解

通过对 Rabi 模型在 Bargmann 空间表象中的形式的求解,可以得知 Rabi 模型的能谱分为两部分,即正常能谱和反常能谱。其中,反常能谱对应于 Rabi 模型的能谱中出现能级交叉的点,所有的反常能谱都具有 $E_n^e = n\omega - g^2/\omega$ 的形式,并且都是二重简并的;对于正常能谱,可以证明其属于超越函数 $G_\pm(x)$ 的零点。超越函数 $G_\pm(x)$ 可定义为

$$G_\pm(x) = \sum_{n=0}^{\infty} K_n(x) \left[1 \mp \frac{\Omega}{x - n\omega}\right] \left(\frac{g}{\omega}\right)^n \tag{5.33}$$

式中,系数 $K_n(x)$ 通过递推形式定义,$nK_n = f_{n-1}(x)K_{n-1} - K_{n-1}$,初始条件为 $K_0 = 1$,$K_1(x) = f_0(x)$,且

$$f_n(x) = \frac{2g}{\omega} + \frac{1}{2g}\left(n\omega - x + \frac{\Omega^2}{x - n\omega}\right) \tag{5.34}$$

此时 Rabi 模型在子空间 $H_\pm$ 中的正常能谱可以通过 $G_\pm(x)$ 的零点给出,即对于 $G_\pm(x)$ 的第 n 个零点 $x_n^\pm$,Rabi 模型在子空间 $H_\pm$ 中的第 n 个本征值为 $E_n^\pm = x_n^\pm - g^2/\omega$。虽然 $G_\pm(x)$ 是一个形式非常复杂的超越函数,但它的极点具有简单的形式,即所有极点都是 ω 的整数倍数。利用 $G_\pm(x)$ 的极点性质可以对零点的分布作出定性的讨论。对于两个相邻的极点之间,$G_\pm(x)$ 的零点有下述可能的情况:

① $G_\pm(x)$ 在这个区间中有一个零点,此时 $G_\pm(x)$ 在一个极点处趋于正无穷大,在另一个极点趋于负无穷大。

② $G_\pm(x)$ 在这个区间中有两个零点或没有零点,此时 $G_\pm(x)$ 在两个极点处同时趋于正无穷大或负无穷大。

5.2　各向异性 Rabi 模型

本节首先介绍通过近似消去 Hamiltonian 中的反旋转波项,从而得到解析形式的能级与波函数;其次,介绍在弱反旋转波项极限下反旋转波项对系统的影响等效为 J－C 模型中参数的偏移;最后,给出了一些物理量的解析表达式,这些结果表明了 U(1) 对称性的破坏与系统和 J－C 模型的偏离。

5.2.1　各向异性 Rabi 模型概述

各向异性 Rabi 模型是 Rabi 模型的一种推广形式,其 Hamiltonian 为[27]

$$H = \omega a^+ a + \Omega \sigma_z + g(\sigma_+ a + \sigma_- a^+) + g'(\sigma_- a + \sigma_+ a^+) \tag{5.35}$$

式中,a^+ 和 a 是频率为 ω 光场的产生和湮灭算符,$\sigma_{\pm}$ 是二能级原子的上升与下降算符,σ_z 是原子的 Pauli 矩阵,2Ω 是二能级原子的能级差,g 和 g' 分别是旋转波项和反旋转波项的耦合强度。简单起见,可取 $\hbar = 1$。

在各向异性 Rabi 模型中,旋转波项和反旋转波项可以具有不同的耦合强度,这是各向异性 Rabi 模型不同于 Rabi 模型的地方。显然,各向异性 Rabi 模型具有与 Rabi 模型相同的 $\mathbb{Z}_2$ 对称性,其 Hamiltonian 关于宇称算符是对易的。目前,已经对各向异性 Rabi 模型的求解进行了一些研究,例如,各向异性 Rabi 模型可以被 Braak 等人提出的方法求解[28],但这种方法给出的结果依赖于一个复杂的超越函数,很难从中得到有意义的解析结果。

各向异性 Rabi 模型在许多实际物理问题中都有应用[27],如在二能级原子与交叉的磁场和电场组成的系统中,磁偶极相互作用会导致原来的 Rabi 模型变成各向异性 Rabi 模型。此外,除了实际应用上的价值,由于在各向异性 Rabi 模型中旋转波项和反旋转波项可以具有不同的耦合强度,因此有助于帮助研究反旋转波项对系统行为的影响。

5.2.2　各向异性 Rabi 模型的解析近似求解

为了给出各向异性 Rabi 模型的解析近似解,需要设法消去 Hamiltonian 中的反旋转波项。为此,首先先把各向异性 Rabi 模型表示为如下等效形式:

$$H = \omega a^+ a + \Omega \sigma_z + g_1 \sigma_x (a + a^+) + \mathrm{i} g_2 \sigma_y (a^+ - a) \tag{5.36}$$

式中,耦合强度 $g_1 = (g + g')/2$,$g_2 = (g' - g)/2$。显然,各向异性 Rabi 模型保持了原 Rabi 模型的 $\mathbb{Z}_2$ 对称性。如果定义宇称算符 $P = \sigma_z \mathrm{e}^{\mathrm{i}\pi a^+ a}$,可以发现,它与各向异性 Rabi 模型的 Hamiltonian 对易,即 $[H, P] = 0$。因此,系统的态空间可以被分解成两

个不变子空间 $\mathcal{H}_\pm$，且宇称算符具有 ± 1 的本征值。

其次，定义幺正变换算符 $U=\exp[\lambda\sigma_x(a^+-a)]$，这里 λ 是一个无量纲的参数。将这个幺正变换算符作用到系统的 Hamiltonian 上，有

$$H'=UHU^+=H_1+H_2+H_3+H_4 \tag{5.37}$$

式中

$$
\begin{aligned}
&H_1=\omega a^+a-\lambda\omega\sigma_x(a^++a)+\omega\lambda^2\\
&H_2=g_1[\sigma_x(a^++a)-2\lambda]\\
&H_3=\Omega\{\sigma_z\cosh[2\lambda(a^+-a)]-\mathrm{i}\sigma_y\sinh[2\lambda(a^+-a)]\}\\
&H_4=\mathrm{i}g_2(a^+-a)\{\sigma_y\cosh[2\lambda(a^+-a)]+\mathrm{i}\sigma_z\sinh[2\lambda(a^+-a)]\}
\end{aligned}\tag{5.38}
$$

变换后的 Hamiltonian H' 中的算符 $\cosh[2\lambda(a^+-a)]$ 可以展开为

$$\cosh[2\lambda(a^+-a)]=\sum_{m,n}\langle m\mid\cosh[2\lambda(a^+-a)]\mid n\rangle\mid m\rangle\langle n\mid \tag{5.39}$$

算符 $\cosh[2\lambda(a^+-a)]$ 的矩阵元可以通过以下公式计算：

$$\langle N\mid\mathrm{e}^{\lambda(a^+-a)}\mid M\rangle=\mathrm{e}^{-\frac{\lambda^2}{2}}\lambda^{N-M}\sqrt{\frac{M!}{N!}}L_M^{N-M}(\lambda^2)\quad(M\leqslant N)\tag{5.40}$$

由上式可知，算符 $\cosh[2\lambda(a^+-a)]$ 中远离对角线的矩阵元是参数 λ 的高次方项。当参数 λ 远小于 1 时，这些含参数 λ 高次方项的矩阵元可以被合理地忽略，因此只有对角线元被保留下来，则算符可近似为

$$\cosh[2\lambda(a^+-a)]=\sum_n\langle n\mid\cosh[2\lambda(a^+-a)]\mid n\rangle\mid n\rangle\langle n\mid \tag{5.41}$$

在物理上，这一近似相当于忽略了变换后 Hamiltonian H' 中的多光子过程。这是由于当参数 λ 远小于 1 时，变换后 Hamiltonian H' 中的多光子过程相对较弱，因此可以忽略。经过同样的近似过程后，可得

$$
\begin{aligned}
&\sinh[2\lambda(a^+-a)]=\sum_n\langle n\mid\sinh[2\lambda(a^+-a)]\mid n-1\rangle(\mid n\rangle\langle n-1\mid-\mid n-1\rangle\langle n\mid)\\
&(a^+-a)\cosh[2\lambda(a^+-a)]=\\
&\qquad\sum_n\langle n\mid(a^+-a)\cosh[2\lambda(a^+-a)]\mid n-1\rangle(\mid n\rangle\langle n-1\mid-\mid n-1\rangle\langle n\mid)\\
&(a^+-a)\sinh[2\lambda(a^+-a)]=\\
&\qquad\sum_n\langle n\mid(a^+-a)\sinh[2\lambda(a^+-a)]\mid n\rangle\mid n\rangle\langle n\mid
\end{aligned}\tag{5.42}
$$

因此，等效 Hamiltonian H' 可以被化简为

$$H'=\omega a^+a+\omega\lambda^2-2g_1\lambda+(g_1-\lambda\omega)\sigma_x(a^++a)+\sigma_z\sum_nG_n\mid n\rangle\langle n\mid-$$

$$\mathrm{i}\sigma_y\sum_nR_n(\mid n\rangle\langle n-1\mid-\mid n-1\rangle\langle n\mid)\tag{5.43}$$

式中，参数 G_n 和 R_n 具有以下形式：

$$G_n = \Omega \langle n \mid \cosh[2\lambda(a^+ - a)] \mid n \rangle -$$
$$g_2 \langle n \mid (a^+ - a) \sinh[2\lambda(a^+ - a)] \mid n \rangle \tag{5.44}$$

$$R_n = \Omega \langle n \mid \sinh[2\lambda(a^+ - a)] \mid n-1 \rangle -$$
$$g_2 \langle n \mid (a^+ - a) \cosh[2\lambda(a^+ - a)] \mid n-1 \rangle \tag{5.45}$$

通过计算,可直接得出参数 G_n 和 R_n 具体的表达式为

$$R_n = \frac{2\Omega}{\sqrt{n}} \lambda e^{-2\lambda^2} L_{n-1}^1(4\lambda^2) - g_2 \sqrt{n} e^{-2\lambda^2} L_{n-1}(4\lambda^2) + \frac{4g_2}{\sqrt{n}} e^{-2\lambda^2} \lambda^2 L_{n-1}^2(4\lambda^2)$$

$$\tag{5.46}$$

$$G_n = \begin{cases} \Omega e^{-2\lambda^2} + 2g_2 \lambda e^{-2\lambda^2} & (n=0) \\ \Omega e^{-2\lambda^2} L_n(4\lambda^2) + 2g_2 \lambda e^{-2\lambda^2} [L_{n-1}^1(4\lambda^2) + L_n^1(4\lambda^2)] & (n \geqslant 1) \end{cases}$$

$$\tag{5.47}$$

式中,$L_n(y)$ 是拉盖尔多项式,$L_n^i(y)$ 是连带拉盖尔多项式。

由于 Pauli 算符具有关系式 $\sigma_x = \sigma_+ + \sigma_-$ 和 $-i\sigma_y = -\sigma_+ + \sigma_-$,则等效 Hamiltonian H' 可以被化简为

$$H' = \omega a^+ a + \sigma_z \sum_n G_n \mid n \rangle \langle n \mid + \omega \lambda^2 - 2g_1 \lambda +$$

$$\sum_n (\sigma_+ \mid n-1 \rangle \langle n \mid + \sigma_- \mid n \rangle \langle n-1 \mid)((g_1 - \lambda\omega)\sqrt{n} + R_n) +$$

$$\sum_n (\sigma_- \mid n-1 \rangle \langle n \mid + \sigma_+ \mid n \rangle \langle n-1 \mid)((g_1 - \lambda\omega)\sqrt{n} - R_n) \tag{5.48}$$

从上式中可以发现,等效 Hamiltonian H' 中旋转波项和反旋转波项的耦合强度可以通过参数 λ 进行调节。对于适当的 λ,有可能部分消去等效 Hamiltonian H' 中的反旋转波项,从而给出各向异性 Rabi 模型的近似解。

接下来,开始计算各向异性 Rabi 模型的能级表达式。从式(5.48)可知,当参数 $\lambda = \lambda_n$ 时,有

$$(g_1 - \lambda_n \omega)\sqrt{n} - R_n = 0 \tag{5.49}$$

则等效 Hamiltonian H' 中的反旋转波项 $\sigma_- \mid n-1 \rangle \langle n \mid + \sigma_+ \mid n \rangle \langle n-1 \mid$ 可以被消去;当 $n=1$ 时,反旋转波项 $\sigma_- \mid 0 \rangle \langle 1 \mid + \sigma_+ \mid 1 \rangle \langle 0 \mid$ 的消去使得 $\{\mid -z,0 \rangle\}$ 成为 Hamiltonian H' 中的不变子空间。因此,可以给出系统的基态能量为

$$E_G = \langle -z,0 \mid H' \mid -z,0 \rangle = \omega\lambda_1^2 - 2g_1\lambda_1 - \Omega e^{-2\lambda_1^2} - 2g_2\lambda e^{-2\lambda_1^2} \tag{5.50}$$

同时,系统的基态波函数可表示为

$$\mid \phi_G \rangle = e^{-\lambda_1 \sigma_x (a^+ - a)} \mid -z,0 \rangle \tag{5.51}$$

因为 $\lambda_{n+1} \neq \lambda_{n-1}$,所以不能通过同样的幺正变化同时消去反旋转波项 $\sigma_- \mid n-2 \rangle \langle n-1 \mid + \sigma_+ \mid n-1 \rangle \langle n-2 \mid$ 和 $\sigma_- \mid n \rangle \langle n+1 \mid + \sigma_+ \mid n+1 \rangle \langle n \mid$。但是,从数值结果中可

以发现,参数 λ 之间的差($|\lambda_{n+1}-\lambda_n|$ 和 $|\lambda_{n-1}-\lambda_n|$)远小于 λ_n。因此,可以忽略它们之间的差别,并选取 $\lambda=\lambda_n$。经过这一近似后,反旋转波项 $\sigma_-|n-2\rangle\langle n-1|+$ $\sigma_+|n-1\rangle\langle n-2|$ 和 $\sigma_-|n\rangle\langle n+1|+\sigma_+|n+1\rangle\langle n|$ 就可以被同时消去,因此 $\{|+z,$ $n-1\rangle,|-z,n\rangle\}$ 成为 Hamiltonian H' 的不变子空间。把 $|+z,n-1\rangle$ 和 $|-z,n\rangle$ 作为基矢,Hamiltonian H' 在子空间 $\{|+z,n-1\rangle,|-z,n\rangle\}$ 中的矩阵形式为

$$\boldsymbol{H}_n=\begin{bmatrix}(n-1)\omega+\omega\lambda_n^2-2g_1\lambda_n+G_{n-1} & 2R_n \\ 2R_n & n\omega+\omega\lambda_n^2-2g_1\lambda_n-G_n\end{bmatrix} \tag{5.52}$$

因此,系统的激发态能量为

$$E_{n,\pm}=\left(n-\frac{1}{2}\right)\omega+\omega\lambda_n^2-2g_1\lambda_n+\frac{G_{n-1}-G_n}{2}\pm\sqrt{\left[\frac{-\omega+G_{n-1}+G_n}{2}\right]^2+4R_n^2} \tag{5.53}$$

同时,也可以得到 H_n 的本征态为

$$\begin{aligned}|E_{n-}\rangle&=\cos\theta_n|+z,n-1\rangle+\sin\theta_n|-z,n\rangle,\\ |E_{n+}\rangle&=-\sin\theta_n|+z,n-1\rangle+\cos\theta_n|-z,n\rangle\end{aligned} \tag{5.54}$$

式中

$$\tan(2\theta_n)=\frac{2R_n}{E_{n-}-E_{n+}} \tag{5.55}$$

于是,可得到各向异性 Rabi 模型激发态波函数为

$$\begin{aligned}|\phi_{n-}\rangle&=e^{-\lambda_n\sigma_x(a^++a)}|E_{n-}\rangle=e^{-\lambda_n\sigma_x(a^++a)}(\cos\theta_n|+z,n-1\rangle+\sin\theta_n|-z,n\rangle)\\ |\phi_{n+}\rangle&=e^{-\lambda_n\sigma_x(a^++a)}|E_{n+}\rangle=e^{-\lambda_n\sigma_x(a^++a)}(-\sin\theta_n|+z,n-1\rangle+\cos\theta_n|-z,n\rangle)\end{aligned} \tag{5.56}$$

由于各向异性 Rabi 模型同样具有 Rabi 模型中的 $\mathbb{Z}_2$ 对称性,因此在子空间 $\mathcal{H}_\pm$ 中系统能级将不存在交叉。这一性质使得可以通过两个量子数组成的量子态 $|n_0,n_1\rangle$ 来对系统能级进行标记[28]。其中,与宇称相关的量子数 n_0 取值为 ±1,并对应量子态所处的子空间 $\mathcal{H}_\pm$;在每一个子空间中,量子态可以按照能级高低用量子数 n_1 标记。通过上述标记方法,得到的解析本征态可以被标记为

$$\begin{aligned}|\phi_G\rangle&\to|-1,0\rangle\\ |\phi_{2m,-}\rangle&\to|-1,2m-1\rangle\\ |\phi_{2m,+}\rangle&\to|-1,2m\rangle\\ |\phi_{2m-1,-}\rangle&\to|+1,2m-2\rangle\\ |\phi_{2m-1,+}\rangle&\to|+1,2m-1\rangle\end{aligned} \tag{5.57}$$

在旋转波项和反旋转波项的耦合强度比值不同的情况下,解析结果和数值结果给出的系统能谱如图 5-1 所示。可以发现,在耦合强度 $g<1$ 的区域中,解析结果与

数值结果吻合得相当好。

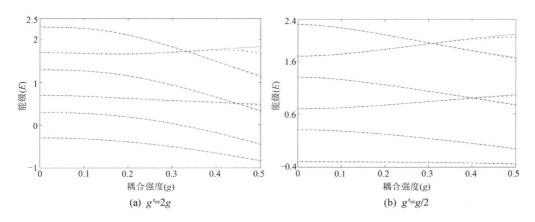

(a) $g'=2g$ (b) $g'=g/2$

注：图中，实线和虚线分别对应解析结果与数值结果。

图 5.1   各向异性 Rabi 模型的能级随耦合强度变化图

　　最后来讨论近似方法的有效参数范围。在近似过程中假设参数 λ 远小于 1，而当参数 λ 接近 1 的量级时，则采用的近似方法将失效，且给出的解析结果也会产生较大的偏差。图 5 - 2 给出了无量纲参数 λ 随旋转波项和反旋转波项耦合强度变化的图像，可以看出，在 $\lambda \lesssim 0.5$ 的区域中，解析结果与数值结果有着较好的吻合。

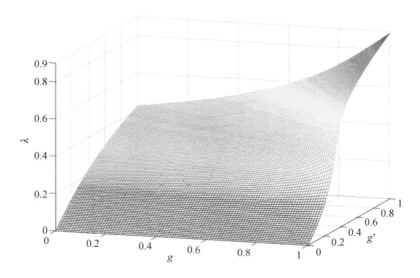

图 5.2   无量纲参数 λ 随着耦合强度 g 和 g' 变化的图像($\omega=1$, $\Omega=0.3$)

5.2.3　弱反旋转波耦合极限

当反旋转波的耦合强度远小于光场频率时,各向异性 Rabi 模型更接近于 J‐C 模型。当反旋转波的耦合强度比较弱时,各向异性 Rabi 模型就回到了 J‐C 模型的形式,而对于 J‐C 模型,显然有 $\lambda=0$。因此,在弱反旋转波耦合极限下,参数 λ 必然满足远小于 1 的条件。

在 5.2.2 节的讨论中,参数 λ 满足以下方程:

$$0=(g_1-\lambda\omega)\sqrt{n}-R_n \tag{5.58}$$

由于当 $x\ll1$ 时,拉盖尔多项式满足 $L_m^n(x)\approx\begin{pmatrix}m+n\\m\end{pmatrix}$,通过忽略方程中与 λ 高次方有关的项,则方程(5.58)可以化简为 $g_1-\lambda\omega-2\Omega\lambda+g_2=0$。此时,参数 λ 具有以下形式:

$$\lambda=\frac{g_1+g_2}{\omega+2\Omega}=\frac{g'}{\omega+2\Omega} \tag{5.59}$$

这就是在弱反旋转波耦合极限下参数 λ 的表达式。显然,在此极限下,参数 λ 正比于反旋转波耦合强度 g',这显示了参数 λ 的物理意义,即在各向异性 Rabi 模型中,反旋转波耦合强度 g' 描述了各向异性 Rabi 模型与 J‐C 模型的绝对偏离,因此参数 λ 描述了各向异性 Rabi 模型与 J‐C 模型的相对偏离。

在弱反旋转波耦合极限下,有

$$G_n=\Omega+2g_2\lambda(2n+1)$$
$$R_n=(g_1-\lambda\omega)\sqrt{n} \tag{5.60}$$

将式(5.60)代入等效 Hamiltonian H' 中,则等效 Hamiltonian H' 可以被化为以下形式:

$$H'=\omega a^+a+\omega\lambda^2-2g_1\lambda+\sigma_z\sum_n[\Omega+2g_2\lambda(2n+1)]|n\rangle\langle n|+$$
$$2\sum_n(g_1-\lambda\omega)\sqrt{n}(\sigma_+|n-1\rangle\langle n|+\sigma_-|n\rangle\langle n-1|) \tag{5.61}$$

也可以改写为

$$H'=(\omega+\Delta\omega\sigma_z)a^+a+(\Omega+\Delta\Omega)\sigma_z+(g+\Delta g)(\sigma_+a+\sigma_-a^+)+\Delta E \tag{5.62}$$

式中

$$\Delta\omega = 4g_2\lambda$$

$$\Delta\Omega = 2g_2\lambda$$

$$\Delta g = \frac{2\Omega - \omega}{\omega + 2\Omega}g' \qquad (5.63)$$

$$\Delta E = -2g_1\lambda$$

于是得到了一个类 J－C 形式的 Hamiltonian,不同之处在于这里的 Hamiltonian H' 有额外的一项 $\sigma_z a^+ a$。因此,在反旋转波耦合较弱的情况下,可以把反旋转波的作用等效为去掉反旋波后 J－C 模型中参数的偏移。

这一类 J－C 形式的 Hamiltonian 可以用来对旋转波近似的有效性进行讨论。在原子与光场接近共振的情况下,有 $\Delta g \approx 0$,于是旋转波项耦合强度的偏移可以忽略不计,即此时旋转波近似可以很好地保留原子与光场相互作用的细节;在反旋转波耦合较弱的情况下,J－C 形式的 Hamiltonian 中其他参数的偏移相对于参数自身相当小,因此旋转波近似能成为很好的近似方法;当系统进入超强耦合时,其他参数的偏移将较大并且不可忽略,此时旋转波近似将失效,且一些由反旋转波项产生的物理效应将出现,如 Bloch－Siegert 位移。

5.2.4 反旋转波项对物理量的影响

基于之前得到的系统能谱与波函数,可以导出一些系统的物理量,且讨论反旋转波项对它们的影响。

首先,计算各向异性 Rabi 模型的 Bloch－Siegert 位移,即由反旋转波项产生的系统激发能量的偏移。在 J－C 模型中,由于不存在反旋转波项,因此 Bloch－Siegert 位移始终为零,而各向异性 Rabi 模型能级跃迁 $E_{1-} \rightarrow E_G$ 的 Bloch－Siegert 位移可被直接计算得到,即

$$\delta = \Omega e^{-2\lambda^2}(1 + 2\lambda^2) - \Omega + 4g_2\lambda^3 e^{-2\lambda^2} + \sqrt{\left(\Omega - \frac{\omega}{2}\right)^2 + g^2} -$$

$$\sqrt{\left[-\frac{\omega}{2} + \Omega e^{-2\lambda^2}(1 - 2\lambda^2) + 4g_2\lambda e^{-2\lambda^2}(1 - \lambda^2)\right]^2 + 4(g_1 - \omega\lambda)^2}$$

$$(5.64)$$

显然,当各向异性 Rabi 模型回到 J－C 模型时,系统的 Bloch－Siegert 位移 δ 始终为零。图 5－3 给出了能级间跃迁 $E_{1-} \rightarrow E_G$ 的 Bloch－Siegert 位移图,可以看出,解析形式的 Bloch－Siegert 位移与数值结果在 $\lambda \leqslant 0.6$ 的区域中吻合得相当好。

其次,计算各向异性 Rabi 模型的平均光子数 $\langle a^+ a \rangle$ 和 $\langle \sigma_z \rangle$。

对于系统的基态,有

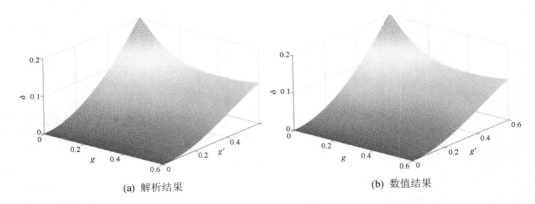

(a) 解析结果　　　　　　　　　　　(b) 数值结果

图 5.3　能级间跃迁 $E_{1-} \rightarrow E_G$ 的 Bloch-Siegert 位移的
绝对值随着耦合强度 g 和 g' 变化图$(\omega = 1, \Omega = 0.3)$

$$\langle \phi_G | a^+ a | \phi_G \rangle = \lambda^2$$
$$\langle \phi_G | \sigma_z | \phi_G \rangle = -e^{-2\lambda^2} \tag{5.65}$$

对于系统的激发态,有

$$\langle \phi_{n\pm} | a^+ a | \phi_{n\pm} \rangle = n - \frac{1}{2} + \lambda^2 \pm \left[\frac{1}{2} \cos(2\theta_n) + 2\lambda\sqrt{n} \sin\theta_n \cos\theta_n \right]$$

$$\langle \phi_{n-} | \sigma_z | \phi_{n-} \rangle = \cos^2\theta_n e^{-2\lambda^2} L_{n-1}(4\lambda^2) - \sin^2\theta_n e^{-2\lambda^2} L_n(4\lambda^2) +$$
$$\cos\theta_n \sin\theta_n \frac{4}{\sqrt{n}} \lambda e^{-2\lambda^2} L_{n-1}^1(4\lambda^2)$$

$$\langle \phi_{n+} | \sigma_z | \phi_{n+} \rangle = \sin^2\theta_n e^{-2\lambda^2} L_{n-1}(4\lambda^2) - \cos^2\theta_n e^{-2\lambda^2} L_n(4\lambda^2) -$$
$$\cos\theta_n \sin\theta_n \frac{4}{\sqrt{n}} \lambda e^{-2\lambda^2} L_{n-1}^1(4\lambda^2) \tag{5.66}$$

上述平均光子数的结果使得可以计算各向异性 Rabi 模型中的平均激子数,激子数算符为

$$N = a^+ a + \sigma_z/2 + \mathbb{I}/2.$$

在 J-C 模型中,平均激子数是守恒量,且导致了 J-C 模型的 U(1) 对称性,而在反旋转波项存在的情况下,J-C 模型的 U(1) 对称性被破坏。此时,系统中只有 $\mathbb{Z}_2$ 对称性且平均激子数不再守恒。系统基态的平均激子数可以通过如下计算得到:

$$\langle N \rangle_G = \lambda^2 - \frac{1}{2} e^{-2\lambda^2} + \frac{1}{2} = \lambda^4 + O(\lambda^5) \tag{5.67}$$

可以发现,各向异性 Rabi 模型的平均激子数 $\langle N \rangle_G$ 随着 λ 单调递增。这是因为在各向异性 Rabi 模型中,反旋转波项导致的基态跃迁会使得基态成为 $|-z, 0\rangle$ 和其他激

发态的叠加态,所以反旋转波项增强了各向异性 Rabi 模型中的平均激子数。在 J – C 模型中,由于没有反旋转波项的相互作用,这种类型的跃迁是被禁戒的。

同样,可以计算得到激子数的涨落为

$$(\Delta N)^2 = \frac{3}{2}\lambda^2 e^{-2\lambda^2} + \frac{1}{2}\lambda^2 - \frac{1}{4}e^{-4\lambda^2} + \frac{1}{4} = 3\lambda^2 + O(\lambda^3) \tag{5.68}$$

可以发现,当系统的反旋转波项耦合增加时,激子数的涨落 $(\Delta N)^2$ 增强并且不再等于零,这体现了各向异性 Rabi 模型中 U(1) 对称性的破坏。

5.3　偏置 Dicke 模型

Dicke 模型描述了多个二能级原子与单模光场分别耦合的系统,而 Rabi 模型是 Dicke 模型在单个二能级原子情况下的特例。在量子光学中,Dicke 模型描述了多个二能级原子在光场下的集体行为和相干性[29]。人们对 Dicke 模型进行了许多研究,并揭示了许多重要的现象[30]。其中,Dicke 模型在经典极限下,当光场和原子之间的耦合强度达到一定的临界值时,系统会出现从正常相至超辐射相的二级相变。这种类型的相变被称为超辐射相变,并进行了许多研究[31-40]。

早期关于 Dicke 模型中超辐射相变的研究主要集中在经典自旋极限,即 Dicke 模型中原子数趋于无穷大。最近的研究表明,Dicke 模型在经典振子极限下,即 Dicke 模型中光场频率趋于零时,也会出现超辐射相变[38,40]。在早期的研究中,Dicke 模型主要在腔量子电动力学体系中实现,此时原子与光场的耦合强度远小于原子和光场频率。因此,为了达到相变的临界耦合通常需要相当大的原子系综,即经典自旋极限下的超辐射相变。而最近在超导电路量子电动力学系统中已经可以实现原子与光场的超强耦合,这使得可以在实验上研究许多强耦合效应,甚至单原子情况下的超辐射相变。

超导电路量子电动力学系统的另一优点是系统中量子比特的参数可以通过偏置电流、门电压、微波场进行有效的调节。但是,这一可调节性会导致量子比特自身的 Hamiltonian 中出现一项额外的偏置项,使得超导电路量子电动力学系统的 Hamiltonian 具有偏置 Dicke 模型的形式。之前的许多研究主要集中于零偏置的情况,而可以预见的是,在偏置项不等于零时,系统会产生许多与原 Dicke 模型不同的现象。目前已经有一些对于偏置 Dicke 模型的研究,且得到了较多的成果[41-44],如偏置项会产生与环境额外的耦合,并增加非经典态的脆弱性[39];偏置项也会消除在经典自旋极限下 Dicke 模型的相变[43]。

5.3.1 偏置 Dicke 模型概述

偏置 Dicke 模型描述了多个带偏置的量子比特与单模光场耦合构成的系统,其 Hamiltonian 形式为

$$H = H_q + H_f + H_{int} \tag{5.69}$$

式中

$$H_q = \sum_{i=1}^{N} \left(\frac{\Omega}{2} \sigma_z^i + \frac{\varepsilon}{2} \sigma_x^i \right)$$

$$H_f = \omega a^+ a \tag{5.70}$$

$$H_{int} = \lambda \sum_{i=1}^{N} \sigma_x^i (a + a^+)$$

这里取 $\hbar = 1$。式中,a^+ 和 a 分别为单模光场的产生和湮灭算符,$\{\sigma_i^k | i = x, y, z\}$ 为第 k 个原子的泡利算符,Ω 为原子的跃迁频率,ε 为原子的偏置系数,λ 为单个原子与光场的耦合系数。这个系统可以等效成一个长度为 $N/2$ 的自旋与单模光场耦合,则此时系统的 Hamiltonian 为

$$H = \omega a^+ a + \frac{\Omega}{2} J_z + \frac{\varepsilon}{2} J_x + \lambda J_x (a + a^+) \tag{5.71}$$

式中,$J_i = \sum_{k=1}^{N} \sigma_i^k (i = x, y, z)$ 为自旋的角动量算符。

偏置 Dicke 模型可以自然地在磁通量子比特与光场耦合的系统中实现。在适当的表象中,磁通量子比特的 Hamiltonian 可表示为

$$H_{qb} = (\Omega \sigma_z + \varepsilon \sigma_x)/2$$

式中,Ω 为隧穿劈裂。能量偏置为

$$\varepsilon = 2I_p (\Phi_{ex} - 3\Phi_0/2)$$

式中,I_p 为磁通量子比特中的持续电流,Φ_{ex} 为穿过磁通量子比特中环路的外加磁通,Φ_0 是磁通量子。此时,量子比特与光场之间的相互作用可以描述为 $\lambda \sigma_x (a + a^+)$,其中,量子比特与光场之间的耦合强度为

$$\lambda = MI_p I_0$$

式中,$I_0 = \sqrt{\omega/(4L)}$ 为零点电流涨落的测量,L 为导线的电感。系统的 Hamiltonian 可表示为

$$H = \omega a^+ a + \frac{1}{2}(\Omega \sigma_z + \varepsilon \sigma_x) + \lambda \sigma_x (a + a^+) \tag{5.72}$$

可以看出,磁通量子比特与光场耦合的系统 Hamiltonian 等价于单个二能级原子情况下的偏置 Dicke 模型。

5.3.2 平均场理论结果

下面采用平均场理论来分析偏置 Dicke 模型的性质。对于偏置 Dicke 模型,由平均场理论假设可以给出系统的基态波函数为自旋相干态 $|\theta\rangle$ 和光场相干态 $|\alpha\rangle$ 的直积,即系统基态波函数的形式为 $|\psi_{MF}\rangle = |\theta\rangle \otimes |\alpha\rangle$,此时系统的自旋反转数和平均光子数分别为

$$\langle J_z \rangle = -N\cos\theta$$
$$\langle a^+ a \rangle = \alpha^2 \tag{5.73}$$

系统的能量泛函为

$$E(\alpha,\theta) = \omega\alpha^2 + \frac{1}{2}N\varepsilon\sin\theta - \frac{\Omega}{2}N\cos\theta + 2\alpha\lambda N\sin\theta \tag{5.74}$$

通过对能量取关于参数 α 和 θ 的最小值,可得

$$\alpha = -\frac{\lambda}{\omega}N\sin\theta \tag{5.75}$$

$$-\frac{2\lambda^2}{\omega}N\sin\theta\cos\theta + \frac{\varepsilon}{2}\cos\theta + \frac{\Omega}{2}\sin\theta = 0 \tag{5.76}$$

式(5.76)与半经典理论给出的结果相同[39],该式可以写成如下形式:

$$\left(\kappa^2 - \frac{1}{\cos\theta}\right)\sin\theta = \varepsilon' \tag{5.77}$$

这里引入了约化耦合强度 $\kappa = 2\lambda\sqrt{N}/\sqrt{\omega\Omega}$ 和约化偏置 $\varepsilon' = \varepsilon/\Omega$。当偏置 ε' 为零时,偏置 Dicke 模型就回到了原始 Dicke 模型的情况,此时平均场理论预言了 Dicke 模型中二级相变的存在[37]。当耦合强度 κ 小于临界值 $\kappa_c = 1$ 时,平均场理论给出的两个方程没有非零解,即此时系统处于正常态;当耦合强度 κ 大于临界值 $\kappa_c = 1$ 时,方程具有非零解,此时场和原子都有宏观上的激发,这种情况对应于超辐射相。

对于偏置 ε' 不等于零的情况,平均场理论给出的两个方程可以等效为一个四次方程。由于这个方程的解过于复杂,很难将其用于讨论系统的性质。因此,这里主要讨论方程解的一些定性结论。为简单起见,只讨论偏置 ε' 大于零的情况。当耦合强度 κ 大于某个临界值时,方程将拥有一个负值解和两个正值解,如图 5-4 中 a 曲线。对于这种情况,很容易验证负值解对应于系统的基态,并且它关于系统的耦合强度 κ 是连续变化的;对于方程出现的两个正值解,可以发现较大的解在动力学上是稳定的,称为 θ_+,即对应于系统的高能态,而较小的解在动力学上是不稳定的。当耦合强度 κ 大于临界值 $\kappa_c = 1$ 时,方程的左侧在 $\theta > 0$ 的区域中出现一个极大值,在 $\theta < 0$ 的区域中出现一个极小值,如图 5-4 中 b 曲线。当耦合强度 κ 小于临界值 $\kappa_c = 1$ 时,方程的左侧是一个单调递减函数,此时方程只有一个负数解 θ_-,如图 5-4 中 c

曲线。

　　根据以上的讨论,可以给出偏置项 εJ_x 作用的一个直观的描述:它产生了一个非对称的场,并对应一个不对称的等效势。对于偏置为正的情况,它降低了能量泛函在 θ_- 处的值,这使得方程的负值解对应于系统的基态。

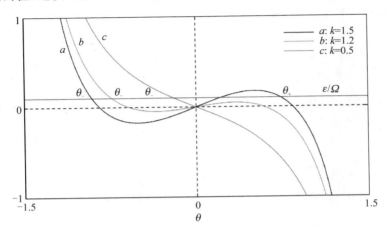

注:a、b、c 线表示方程(5.77)的左侧,而水平实线代表方程其右侧。

图 5.4　方程(5.77)关于不同耦合强度 κ 的图解表示

5.3.3　在经典振子极限下对平均场理论的修正

　　首先,在经典振子极限下给出偏置 Dicke 模型的等效 Hamiltonian。由平均场理论的结果可知,对于非零的偏置 ε,系统中的光场和原子都有宏观上的激发。因此,需要考虑在平均场理论给出的基态 $|\theta\rangle\otimes|\alpha\rangle$ 上的涨落。对光场算符进行位移和旋转,即

$$a \to a+\alpha, \quad J_z \to J_z\cos\theta + J_x\sin\theta \tag{5.78}$$

式中,参数 α 和 θ 由平均场理论给出的方程决定。通过这些变换,偏置 Dicke 模型的 Hamiltonian 为

$$H = \omega a^+ a + \omega\alpha(a^++a) + \omega\alpha^2 + \frac{\Omega'}{2}J_z +$$
$$\lambda\cos\theta J_x(a^++a) - \lambda\sin\theta J_z(a^++a) \tag{5.79}$$

式中,参数 $\Omega'=\Omega\cos\theta - \varepsilon\sin\theta - 4\alpha\lambda\sin\theta$。在新的 Hamiltonian 中,平均场理论给出的基态波函数为 $|-j\rangle\otimes|0\rangle$,此时系统中不再有宏观的激发。在经典振子极限下,偏置 Dicke 模型的 Hilbert 空间的低能部分被局限于自旋向下的子空间。通过幺正变换

$$U(\beta,\gamma) = \exp\{iJ_y[\beta(a^++a)+\gamma(a^++a)^2]\}$$

可以消除自旋向下的子空间和自旋向上的子空间之间的耦合到 λ/Ω 的平方。幺正变换中的参数为

$$\beta\Omega' + \lambda\cos\theta = 0$$
$$\gamma\Omega' - 2\beta\lambda\sin\theta = 0 \tag{5.80}$$

通过将 Hamiltonian 映射到自旋向下的子空间，可以得到系统的低能等效 Hamiltonian 为

$$H_{co} = \langle -j \mid U^+ H U \mid -j \rangle = \omega a^+ a + N\beta\lambda\cos\theta(a^+ + a)^2 + \omega a^2 - N\frac{\Omega'}{2} \tag{5.81}$$

其次，对于这个等效的 Hamiltonian，通过压缩算符 $S(\xi)$ 可以轻松地把 H_{co} 对角化，对角化后的 Hamiltonian $H'_{co} = \omega' a^+ a + C$。其中，$C$ 是一个可以不关心的常数，且有

$$\xi = \frac{1}{4}\ln\left(1 - \frac{4N\lambda^2\cos^2\theta}{\omega\Omega'}\right)$$
$$\omega' = \omega\sqrt{1 - \frac{4N\lambda^2\cos^2\theta}{\omega\Omega'}} \tag{5.82}$$

于是就得到了激发能量 ω'。对于偏置 ε 为零的情况，系统的激发能量为 $\omega' = \omega\sqrt{1-\kappa^2}$。显然，当耦合强度 κ 小于临界值 $\kappa_c = 1$ 时激发能量始终大于零，并当耦合强度 κ 达到临界值 $\kappa_c = 1$ 时激发能量消失。这一消失的激发能量标志着量子相变的发生。当耦合强度 κ 大于临界值 $\kappa_c = 1$ 时，平均场给出的方程有三个解，分别是 $\theta = 0$ 和 $\theta = \pm\arccos(1/\kappa)$。零解对应着非稳定的静态解，而 $\theta = \pm\arccos(1/\kappa)$ 产生两个相同的能谱，此时低能区的能级是二重兼并的。

对于偏置 ε 不为零的情况，系统的低能谱性质与偏置 ε 为零的情况不同。当耦合强度 κ 小于临界值时，平均场理论给出的方程只有一个负值解。这一负值解给出系统能谱的低能部分。当耦合强度 κ 大于临界值时，方程给出了三个解：一个是不稳定的静态解，其他两个解对应于两组能谱。对于偏置 ε 有限的情况，两组能谱是不相同的。当偏置 ε 大于零时，从数值结果中可以发现 $\Omega'(\theta_-) > \Omega'(\theta_+)$。于是在这种情况下正值解对应的能谱被提高，而负值解对应的能谱被降低，如图 5-5 所示，图中给出了 Hamiltonian 最低的 30 条能谱相对于基态的图像。当耦合强度 κ 小于临界值时，系统的低能能谱与谐振子的能谱类似。当耦合强度 κ 超过临界值时，系统的能谱可以分为两组等间距的能谱，两组能谱之间的间距的数量级为 $O(\varepsilon)$。在经典振子极限下，这一能谱之间的间距远大于系统的激发能量，因此系统的低能能级由较低的能谱构成。

从方程中可知，系统的约化激发能量只与约化耦合强度 κ 和约化偏置 ε' 有关。

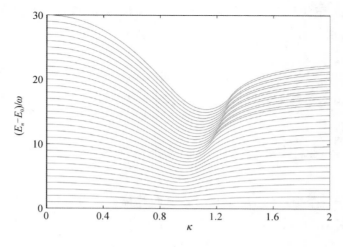

注:取 $\Omega/\omega=60$,$\varepsilon'=0.11$ 和 $N=5$。

图 5.5　系统最低的 30 条相对于基态的激发态能级随约化耦合强度 κ 的变化

图 5-6 显示了系统的激发能量是如何逐渐趋近经典振子极限下的理论值,这证实了 ω' 确实是经典振子极限下的激发能量。

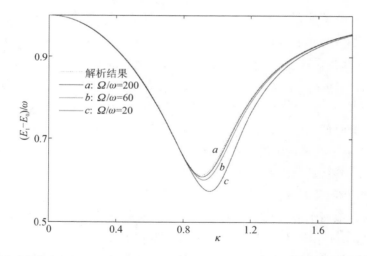

注:图中虚线代表方程(5.82)的解,a、b、c 曲线是系统的第一激发态相对于基态的激发能量。

图 5.6　系统的激发能量随耦合强度 κ 的变化($\varepsilon'=0.11$,$N=5$)

特别地,在有限偏置的情况下,任意耦合强度下系统的激发能量始终保持有限值。从方程可知,系统的激发能量仅当 $\tan\theta=\sqrt[3]{\varepsilon'}$ 时消失,显然这对于负值解是不可能实现的。在经典振子极限下系统的激发能量随耦合强度 κ 和偏置 ε' 的变化如图 5-7 所示,从图中可以发现,激发能量仅当耦合强度 κ 达到临界值 $\kappa_c=1$ 和零偏置时消失,这也是量子相变发生的地方。当偏置不为零时这一现象被压制,并且没有任何相变的特征。因此,可以得知,在有限偏置的情况下,任意耦合强度下系统的激发能量不会消失,故二级相变在偏置不为零的情况下不能发生。

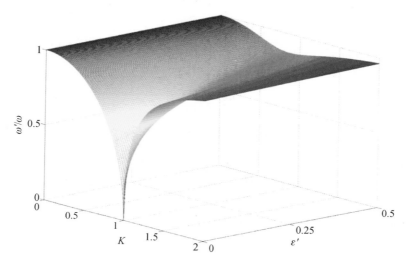

图 5.7　在经典振子极限下系统的激发能量随耦合强度 κ 和偏置 ε' 的变化

对于正能解的情况,当耦合强度 κ 达到特定值时,关系 $\tan\theta = \sqrt[3]{\varepsilon'}$ 可以被满足,这似乎意味着正能解对应的能谱的激发能量在特定耦合时会消失。对于这一点,要注意到当关系 $\tan\theta = \sqrt[3]{\varepsilon'}$ 得到满足时,方程给出的两个正能解重合。因此,这一点在动力学上是不稳定的,即这一正能解并不对应真实的能谱。

从上述的讨论中可以得知,系统的激发能量仅在 $\varepsilon'=0$ 和 $\kappa=1$ 的情况下消失,并标志着二级相变的发生。下面来讨论偏置趋于零是系统的临界行为。对于 $\kappa=1$ 的情况,系统在 $\varepsilon'\to0$ 时激发能量消失。在 $\varepsilon'\to0$ 的极限下,方程的解可近似为

$$\theta = -(2\varepsilon')^{\frac{1}{3}} \tag{5.83}$$

于是,有

$$\omega' \sim \omega\varepsilon'^{\frac{1}{3}} \tag{5.84}$$

同时,可以把谐振子的方差 $\Delta(a+a^+)$ 作为系统的特征长度,随后的计算会表明这一特征长度按 $|\varepsilon'|^{-1/6}$ 消失。于是,可以得到 $z=2$ 和 $\upsilon=1/6$,其中,υ 为临界指数,而 z 为动力学临界指数。

5.3.4　$\hat{A}^2$ 项对偏置 Dicke 模型的影响

最小耦合模型包含一项与电磁波矢势 $\hat{A}^2$ 有关的项,虽然在大多数情况下可以

忽略这一项对系统行为的影响,但研究发现这一项会阻止 Dicke 模型中量子相变的发生[45-46]。下面来讨论 $\hat{A}^2$ 项对偏置 Dicke 模型临界行为的影响。

当包含 $\hat{A}^2$ 项时,系统的 Hamiltonian 会出现一个额外项 $\kappa_0(a^+ + a)^2$,其中,参数 κ_0 与耦合强度 λ 并不是相互独立的,它们之间的关系为 $\kappa_0 = \alpha_0 N \lambda^2 / \Omega$,这里 α_0 是由场和原子结构决定的一独立参数。在加上额外项 $\kappa_0(a^+ + a)^2$ 后,则平均场理论给出的方程需要被修改为

$$\left(\frac{\kappa^2}{1 + \alpha_0 \kappa^2} - \frac{1}{\cos\theta} \right) \sin\theta = \varepsilon' \tag{5.85}$$

根据 Thomas – Reiche – Kuhn 求和理论,参数 α_0 满足 $\alpha_0 > 1$。此时,对于任意的耦合强度,方程(5.85)的左侧始终是单调递减的。因此,当 $\hat{A}^2$ 项存在的情况下,相变条件是不能达到的。系统的等效低能 Hamiltonian 可以重复通过之前的步骤而求得,即

$$H_{CO} = \omega a^+ a + (N\beta\lambda\cos\theta + \kappa_0)(a^+ + a)^2 + C_1 \tag{5.86}$$

式中,C_1 为可以不关心的常数。系统的激发能量为

$$\omega' = \omega \sqrt{1 - \frac{4N\lambda^2\cos^2\theta}{\omega\Omega'} + \frac{4\kappa_0}{\omega}} = \omega \sqrt{1 - \frac{\Omega}{\Omega'}\kappa^2\cos^2\theta + \alpha_0\kappa^2} \tag{5.87}$$

通过简单的论述可以说明,激发能量在偏置不等于零的情况下,对任意的 α_0 均不消失。注意到,如果将耦合常数 κ 换为等效耦合常数 $\kappa/\sqrt{1+\alpha_0\kappa^2}$,则 θ 为平均场理论给出的方程的负解。由于偏置 Dicke 模型的激发能量始终保持有限值,则有

$$1 - \frac{\Omega}{\Omega'}\frac{\kappa^2}{1 + \alpha_0\kappa^2}\cos^2\theta > 0 \tag{5.88}$$

通过上述不等式可以发现

$$\omega'/\omega > \sqrt{1 - (1 + \alpha_0\kappa^2) + \alpha_0\kappa^2} = 0$$

即当包含 $\hat{A}^2$ 项时偏置 Dicke 模型中的量子相变依然不能发生。

5.3.5　系统基态波函数及其压缩和纠缠性质

首先,讨论在经典振子极限下系统的基态波函数。与原始的 Dicke 模型中二重简并的波函数不同,在有限偏置的情况下,系统的基态始终是非简并的。从前述的讨论可知,在经典振子极限下系统的基态波函数可表示为

$$|\psi(\theta_-)\rangle = e^{\frac{1}{2}\theta_- J_y} D(\alpha) U(\beta, \gamma) S(\xi) |0\rangle |j, -j\rangle \tag{5.89}$$

式中,$D(\alpha)$ 为位移算符,在上式中算符 $\exp(\mathrm{i}\theta_- J_y/2) D(\alpha)$ 由平均场理论给出;算符 $S(\xi)$ 为对光场进行压缩并导致光场的涨落。值得注意的是,在基态波函数的表达式

中,只有算符 $U(\beta,\gamma)$ 能导致自旋的涨落。事实上,自旋的方差 $\Delta J_x = \langle J_x^2 \rangle - \langle J_x \rangle^2$ 在光场频率远小于原子频率的情况下有 $O(\beta^2)$ 的数量级,或等价的 $O(\omega^2/\Omega^2)$。显然,在经典振子极限下自旋的涨落趋于零。

其次,为了给出光场的涨落与压缩性质,采用光场的位置算符 $x = (a^+ + a)/\sqrt{2\omega}$ 和坐标算符 $p = i(a^+ - a)\sqrt{\omega/2}$ 的方差 $(\Delta x)^2$ 和 $(\Delta p)^2$ 来描述。通过前述的结论,可得

$$(\Delta x)^2 = \frac{1}{2\omega} e^{-2\xi}$$

$$(\Delta p)^2 = \frac{\omega}{2} e^{2\xi} + O(\beta^2)$$

(5.90)

因此,可以发现,在经典振子极限下,系统基态波函数中的光场部分成为压缩相干态 $|\alpha,\xi\rangle$。压缩参数 ξ 随耦合强度和偏置变化如图 5-8 所示,可以发现,压缩参数 ξ 在相变点处发散,这表明了光场动量的涨落在这一点被强烈地压缩,而位置被强烈地反压缩。这与经典自旋极限下给出的结果是完全相反的,在经典自旋极限下光场动量在相变点处仅有轻微的压缩[33]。光场的涨落可以通过位置算符的方差进行描述,且只在量子相变点处发散。当接近相变点时,压缩参数 ξ 的行为为 $e^{2\xi} \propto (\varepsilon')^{-1/3}$,因此当偏置增大时,光场的压缩与涨落都被强烈地压制。

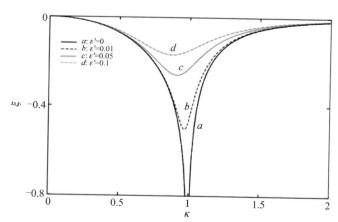

图 5.8 压缩参数 ξ 在经典振子极限下随耦合强度和偏置的变化

除了系统的压缩与涨落性质,下面讨论原子和光场之间的纠缠。本小节采用熵 $S = -\mathrm{Tr}(\rho\ln\rho)$ 来度量系统中的纠缠,其中,ρ 为系统自旋的约化密度矩阵元素。对于系统中不存在偏置的情况,当系统处于超辐射相时,原始 Dicke 模型的 $\mathbb{Z}_2$ 对称性会使得系统对称化的基态波函数为

$$|\psi\rangle = (|\psi(\theta_-)\rangle \pm |\psi(\theta_+)\rangle)/\sqrt{2}$$

因此,在经典振子极限下,当耦合强度$\kappa > 1$时,系统基态波函数有非零的纠缠。对于有限偏置的情况,由于$\mathbb{Z}_2$对称性的破坏,系统基态为非简并的,并且基态的纠缠也会被破坏。此时,系统的基态波函数可表示为

$$|\psi(\theta_-)\rangle = U(\beta, \gamma)|\alpha, \xi\rangle|\theta_-\rangle$$

显然,波函数中的纠缠完全只由算符$U(\beta, \gamma)$产生。基于前述讨论,参数β和γ在经典振子极限下都会消失,这意味着自旋与光场的纠缠在经典振子极限会消失。原子与光场的纠缠随耦合强度的变化如图$5-9$所示。

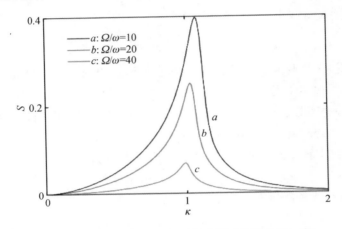

图 5.9　原子与光场的纠缠随耦合强度的变化($N=5$)

与经典振子极限不同,在经典自旋极限下,自旋的涨落并不会被压制。在经典自旋极限下系统的等效 Hamiltonian 可以通过 Holstein – Primakoff 变换

$$J_+ = 2b^+\sqrt{2j - b^+b}$$
$$J_- = 2\sqrt{2j - b^+b}\,b \tag{5.91}$$
$$J_z = 2(b^+b - j)$$

给出,即[43]

$$H_{\text{cs}} = \omega a^+ a + \Omega' b^+ b + \sqrt{N}\lambda\cos\theta(b^+ + b)(a^+ + a) - N\Omega' \tag{5.92}$$

这一 Hamiltonian 关于玻色算符是二次型的,可以通过 Bogoliubov 变换完成对角化。这里使用玻色算符b的位置和动量算符来描述自旋的压缩,因此可以给出基态自旋的压缩为

$$(\Delta x_a)^2 = \frac{1}{2\omega_-}\cos^2\theta + \frac{1}{2\omega_+}\sin^2\theta$$

$$(\Delta x_b)^2 = \frac{1}{2\omega_-}\sin^2\theta + \frac{1}{2\omega_+}\cos^2\theta$$

$$(\Delta p_a)^2 = \frac{\omega_-}{2}\cos^2\theta + \frac{\omega_+}{2}\sin^2\theta \qquad (5.93)$$

$$(\Delta p_b)^2 = \frac{\omega_-}{2}\sin^2\theta + \frac{\omega_+}{2}\cos^2\theta$$

式中,各方差的下标分别表示玻色模 a 或 b。图 5 - 10 为这些方差的理论值随耦合常数 κ 和不同偏置的变化情况。可以发现,有限的偏置会消除位置算符方差在相变点附近的尖峰,同时坐标算符在相变点附近轻微的压缩也会被压制。但是,当耦合强度远离相变点时,偏置项对于系统中的压缩几乎没有影响。

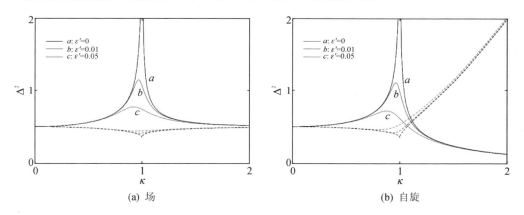

(a) 场　　　　　　　　　　　　(b) 自旋

注:实线代表位置坐标的方差,而虚线代表动量坐标的方差。

图 5.10　在经典自旋极限下场和自旋的方差随耦合强度的变化($\omega = \Omega = 1$)

本章小结

　　本章研究了 Rabi 模型和变形 Rabi 模型的性质。通过近似消去反旋转波项的方法,给出了各向异性 Rabi 模型的近似解析能级和波函数。在反旋转波耦合较弱的情况中,发现各向异性 Rabi 模型中的反旋转波项可以等效为类 J - C 模型中参数的偏移。这种对 J - C 模型的修正给出了旋转波近似在原子与光场接近共振和耦合较弱的情况下的有效性,并给出了 Bloch - Siegert 位移和平均激子数的解析表达式。这些结果显示了在各向异性 Rabi 模型中 U(1) 对称性的破坏和与 J - C 模型的偏离。

本章还讨论了在经典自旋极限下偏置 Dicke 模型的临界性质。首先,给出了在经典自旋极限下系统的低能等效 Hamiltonian,并发现:在经典自旋极限下具有非零偏置的偏置 Dicke 模型中不会出现量子相变;其次,讨论了在包含 $\hat{A}^2$ 项时偏置 Dicke 模型的临界行为,结果显示:在包含 $\hat{A}^2$ 项时系统依然不会出现量子相变;最后,计算了系统的基态波函数,并讨论了在两种经典极限下系统中压缩与纠缠的性质,结果显示:在相变点附近偏置项会强烈地压制系统的压缩,而当耦合强度远离临界值时,偏置项对压缩几乎没有影响。

参考文献

[1] Kellogg J M B, Rabi I I, Zacharias J R. The gyromagnetic properties of the hydrogens[J]. Physical Review, 1936, 50(5):472.

[2] Rabi I I. Space quantization in a gyrating magnetic field[J]. Physical Review, 1937, 51(8):652.

[3] Jaynes E T, Cummings F W. Comparison of quantum and semiclassical radiation theories with application to the beam maser[J]. Proceedings of the IEEE, 1963, 51(1):89-109.

[4] Shore B W, Knight P L. The Jaynes-Cummings model, Journal of Modern Optics[J]. 1993, 40(7):1195-1238.

[5] Friedman L, Holstein T. Studies of Polaron Motion:Part III:The Hall Mobility of the Small Polaron Annals of Physics[J]. Annals of Physics, 1963, 21(3):494-549.

[6] Raimond J M, Brune M, Haroche S. Manipulating Quantum Entanglement with Atoms and Photons in a Cavity[J]. Reviews of Modern Physics, 73(3):565.

[7] Leibfried D, Blatt R, Monroe C, et al. Quantum Dynamics of single trapped ions[J]. Review of Modern Physics, 2003, 75(1):281-324.

[8] Reithmaier J P, Sek G, Loeffler A, et al. Strong Coupling in a Single Quantum Dot-Semiconductor Microcavity System[J]. Nature, 2004, 432(7014):197-200.

[9] Yoshie T, Scherer A, Hendrickson J, et al. Vacuum Rabi splitting with a single quantum dot in a photonic crystal nanocavity[J]. Nature, 2004, 432

(7014)，200-203.

[10] Todorov Y, Andrews A M, Colombelli R, et al. Ultra-Strong Light-Matter Coupling Regime with Polariton Dots[J]. Physical Review Letters，2010，105 (19):196402.

[11] Vion D, Aassime A,Cottet A, et al. Manipulating the quantum state of an e-lectrical circuit[J]. Science，2002，296(5569):886-889.

[12] Wallraff A, Schuster D I, Blais A, et al. Strong coupling of a single photon to a superconducting qubit using circuit quantum electrodynamics[J]. Nature,2004，431(7005):162-167.

[13] Schoelkopf R J, Girvin S M. Wiring up quantum systems[J]. Nature,2008，451(7179):664-669.

[14] Niemczyk T, Deppe F, Huebl H, et al. Circuit quantum electrodynamics in the ultrastrong-coupling regime[J]. Nature Physics,2010，6(10):772-776.

[15] Murch K W, Weber S J, Macklin C, et al. Observing single quantum trajec-tories of a superconducting quantum bit[J]. Nature，2013，502(7470): 211-214.

[16] Khitrova G, Gibbs H M, Kira M, et al. Vacuum Rabi splitting in semicon-ductors[J]. Nature Physics，2006，2(2):81-90.

[17] Irish E K. Erratum:Generalized rotating-wave approximation for arbitrarily large coupling[J]. Physical Review Letters，2007，99(17):173601.

[18] Ashhab S, Nori F. Qubit-oscillator systems in the ultrastrong-coupling re-gime and their potential for preparing nonclassical states[J]. Physical Review A,2010，81(4)，042311.

[19] Hwang M J, Choi M S. Variational study of a two-level system coupled to a harmonic oscillator in an ultrastrong-coupling regime[J]. Physical Review A，2010，82(2):025802.

[20] Yu L, Zhu S, Liang Q, et al. Analytical solutions for the Rabi model[J]. Physical Review A，2012，86(1):015803.

[21] Casanova J, Romero G, Lizuain I, et al. Deep strong coupling regime of the Jaynes-Cummings model [J]. Physical Review Letters，2010，105 (26):263603.

[22] Braak D. Integrability of the Rabi model[J]. Physical Review Letters，2011，107(10):100401.

[23] MorozA. Analytic Solution of the Rabi model[C]//NATO Advanced Study

Institute on Nano-Structures for Optics and Photonics：.2015.

[24] Zhong H，Xie Q，Batchelor M T，et al. Analytical eigenstates for the quantum Rabi model[J]. Physics，2013，46(41):295-298.

[25] Nielsen M A，Chuang I L. Quantum computation and quantum information [M]. Cambridge:Cambridge University Press，2000.

[26] Ollivier H，Zurek W H. Quantum Discord:A Measure of the Quantumness of Correlations[J]. Physical Review Letters，2002，88(1):017901.

[27] Xie Q T，Cui S，Cao J P，et al. The anisotropic Rabi model[J]. Physical Review X，2014，4(2):021046.

[28] Braak D. Integrability of the Rabi model[J]. Physical Review Letters，2011，107(4):100401.

[29] Dicke R H. Coherence in spontaneous radiation processes[J]. Physical Review，1954，93(1):99-110.

[30] Walls D F，Milburn G J. Quantum optics[M]. Berlin:Springer Berlin Heidelberg，1994.

[31] Hepp K，Lieb E H. On the superradiant phase transition for molecules in a quantized radiation field:the dicke maser model[J]. Annal of Physics，1973，76(2):360-404.

[32] Emary C，Brandes T. Quantum chaos triggered by precursors of a quantum phase transition：The dicke model [J]. Physical Review Letters，2003，90:044101.

[33] Emary C，Brandes T. Chaos and the quantum phase transition in the Dicke model[J]. Physical Review E，2003，67(6):066203.

[34] Dimer F，Estienne B，Parkins A S，et al. Proposed realization of the Dicke-model quantum phase transition in an optical cavity QED system[J]. Physical Review A，2007，75:013804.

[35] Bastidas V M，Emary C，Regler B，et al. Nonequilibrium quantum phase transitions in the dicke model [J]. Physical Review Letters，2012，108:043003.

[36] Baumann K，Guerlin C，Brennecke F，et al. Dicke quantum phase transition with a superfluid gas in an optical cavity[J]. Nature，2010，464(7393):1301-1306.

[37] Baumann K，Mottl R，Brennecke F，et al. Exploring symmetry breaking at the Dicke quantum phase transition [J]. Physical Review Letters，2011，

107：140402.

[38] Bakemeier L, Alvermann A, Fehske H. Collapse-revival dynamics and atom-field entanglement in the nonresonant Dicke model[J]. Physical Review A, 2012, 85：043803.

[39] Ashhab S, Nori F. Qubit-oscillator systems in the ultrastrong-coupling regime and their potential for preparing nonclassical states[J]. Physical Review A, 2012, 81(4)：82-82.

[40] Ashhab S. Superradiance transition in a system with a single qubit and a single oscillator[J]. Physical Review A, 2013, 87：013826.

[41] Hausinger J, Grifoni M. Qubit-oscillator system：An analytical treatment of the ultrastrong coupling regime[J]. Physical Review A, 2010, 82：062320.

[42] Zhang Y Y, Chen Q H, Zhao Y. Generalized rotating-wave approximation to biased qubit-oscillator systems[J]. Physical Review A, 2013, 87：033827.

[43] Emary C, Brandes T. Entanglement and entropy in a spin-boson quantum phase transition[J]. Physical Review A, 2004, 69：053804.

[44] Genway S, Li W, Ates C, et al. Generalized dicke nonequilibrium dynamics in trapped ions[J]. Physical Review Letters, 2014, 112：023603.

[45] Fedorov A, Feofanov A K, Macha P, et al. Strong couplingof a quantum oscillator to a flux qubit at its symmetry point[J]. Physical Review Letters, 2010, 105：060503.

[46] Rzazewski K, Wodkiewicz K, Zakowicz W. Phase Transitions, Two-Level Atoms, and the A2 Term. [J]. Physical Review Letters, 1975, 35：432.